Tous nos ouvrages sont disponibles aux

Éditions Decoopman
Ferrières
30440 Saint-Laurent-le-Minier
Tel : +33 (0)4.67.73.90.95
web : www.decoopman.com
e.mail : livres@decoopman.com

Olivier Lacaux
Jean Castanier

© **Éditions Decoopman**
I.S.B.N. 978-2-36965-211-0
Dépôt légal : 1er trimestre 2025

MOTEURS À vent Hydrauliques Électriques

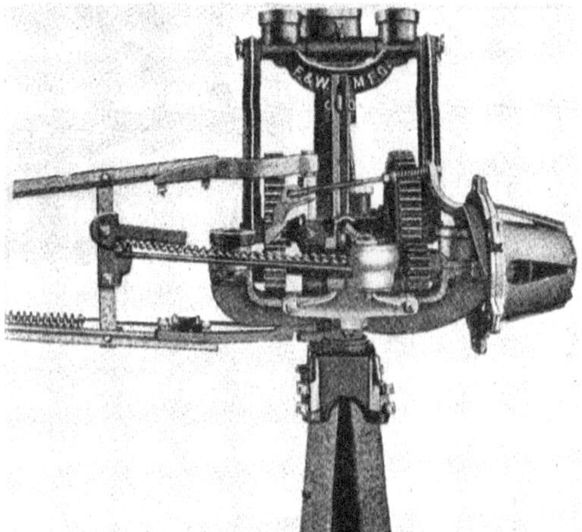

René CHAMPLY

1930

AVANT-PROPOS

En rédigeant cette *Nouvelle Encyclopédie des Constructeurs*, nous nous proposons de mettre la théorie et la technique à la portée des mécaniciens, chaudronniers, électriciens, n'ayant qu'une instruction élémentaire et de les renseigner sur les modes de fabrication les plus modernes.

Les constructeurs auxquels nous nous adressons ne trouvent pas facilement satisfaction dans les livres de haute valeur scientifique destinés aux ingénieurs ; ce qu'ils désirent, ce sont des données pratiques, applicables immédiatement et sans calculs trop compliqués, aux travaux de tous les jours.

Nous donnerons, pour cela, beaucoup de tableaux de calculs faits et de résultats d'expériences.

Nous nous sommes adressés, pour la documentation de notre travail, aux meilleures usines de construction ; elles ont répondu avec empressement à nos demandes de renseignements sur leurs fabrications et nous ont communiqué des chiffres, des dessins et des précisions pratiques du plus haut intérêt et tout à fait à jour des progrès les plus récents.

Cette *Nouvelle Encyclopédie* sera donc une réunion des théories scientifiques et techniques réduites, autant que possible, à leurs éléments pratiques et des réalisations exécutées par les industriels les plus réputés pour la bonne conception et la fabrication parfaite de leurs machines.

Nous espérons qu'un travail ainsi présenté rendra d'importants services aux petits et moyens constructeurs qui, travaillant généralement sans ingénieurs spécialisés, ont besoin de documents simples, précis et surtout pratiques.

René CHAMPLY

ALPHABET GREC

Les formules employées en mécanique, électricité, utilisant souvent, des lettres de l'alphabet grec, lettres dont chacune conserve une signification pour l'objet qu'elle désigne habituellement, nous croyons bon de donner ci-après la nomenclature des lettres grecques et leur prononciation :

Majuscules	Minuscules	Noms	Signes français correspondants
—	—	—	—
A	α	alpha	a
B	β	bêta	b
Γ	γ	gamma	g
Δ	δ	delta	d
E	ε	epsilon	e
Z	ζ	dzêta	z
H	η	êta	ê
Θ	θ	thêta	th
I	ι	iota	i
K	κ	kappa	k
Λ	λ	lambda	l
M	μ	mu	m
N	ν	nu	n
Ξ	ξ	xi	x
O	ο	omicron	o
Π	π	pi	p
P	ρ	rho	r
Σ	σ, ς	sigma	s
T	τ	tau	t
Υ	υ	upsilon	u
Φ	φ	phi	ph
X	χ	chi	ch
Ψ	ψ	psi	ps
Ω	ω	oméga	ô

Partie I

Les moteurs à vent

Chapitre I

Anciens moulins à vent

Employés dans tous les pays pour moudre le blé et concasser les graines oléagineuses, en voici la description d'après *La Maison Rustique du XIX*e siècle vers 1830 :

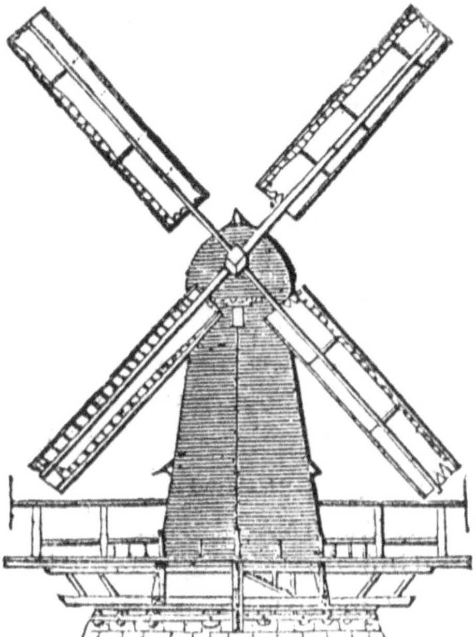

Fig. 1. Ancien moulin à vent.

Chacun connaît la forme extérieure des moulins à vent (fig. 1). Le récepteur le plus ordinaire de ces moulins est composé d'ailes ou voiles fixées perpendiculairement et uniformément autour de l'extrémité d'un axe horizontal. Le nombre d'ailes généralement employé est de 4, de forme rectangulaire, dont les dimensions, dans les environs de Paris, sont de 12 m environ de longueur sur 2 m de large. Dans le département du Nord, la longueur des ailes est de 13 et quelquefois de 14 m sur 2 m de largeur. Voici la description que Coulomb donne de la forme particulière des ailes de moulin des environs de Lille.

« 1 m 67 de la largeur de l'aile sont formés par une toile attachée sur

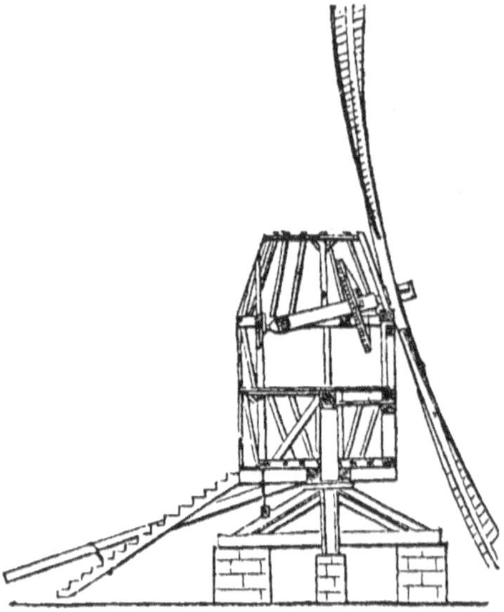

Fig. 2. Ancien moulin à vent.

un châssis, et le pied restant par une planchette très légère. La ligne de jonction de la planche et de la toile forme, du côté frappé par le vent, un angle sensiblement concave au commencement de l'aile, et qui, allant toujours en diminuant, s'évanouit à l'extrémité de l'aile. La pièce de bois qui forme le bras est placée derrière cet angle concave ; la surface de la toile forme une surface courbe composée de lignes droites perpendiculaires au bras de l'aile et répondant, par leurs extrémités, à l'angle concave formé par la jonction de la toile et de la planche ; l'arbre tournant, auquel les ailes sont fixées, s'incline à l'horizon entre 8 et 15°.

« Les moulins à vent verticaux sont de formes diverses. La figure 2 indique une cage en bois avec sa charpente intérieure, le tout tournant à volonté, et selon le vent, au moyen de la queue à laquelle s'adaptent une corde et un tourniquet ; c'est ce qu'on appelle orienter le moulin.

« La figure 3 indique un autre moulin, dont le sommet seul est tournant ; la cage alors est en maçonnerie.

« Quelquefois le moulin est composé de telle façon qu'il peut s'orienter de lui-

Fig. 3. Ancien moulin à vent.

même ; il est alors un peu plus compliqué. L'expérience a démontré que ce procédé ne présente pas assez d'avantages pour racheter une construction plus dispendieuse et plus sujette à réparation[1].

« La grande irrégularité et la violence du vent, obligent souvent d'en modifier la force, soit pour la régulariser, soit pour empêcher le moulin d'être endommagé ou renversé. Alors on déshabille plus ou moins les ailes, en repliant les toiles ou voilures. Pour arrêter le moulin, on se sert d'un frein en bois, qui vient serrer intérieurement le rouet. Cette opération peut se faire du dehors, au moyen d'une corde qui correspond au ressort qui imprime le mouvement à ce frein.

« En général où le vent sert de moteur, c'est sur des ailes verticales qu'il agit ; le moulin à vent horizontal, quoiqu'essayé assez souvent, n'a pas été adopté. L'avantage qu'il offre au premier coup d'œil, c'est de tourner à tout vent sans avoir besoin d'être orienté ; mais il a le désavantage de n'offrir à l'action du vent qu'un peu plus d'une voile à la fois ; tandis que, dans les moulins à vent ordinaires, le vent agit contre les quatre ailes en même temps. »

Smeaton, ingénieur anglais qui vivait au début du XIXe siècle, donnait les conseils suivants pour la construction des anciens moulins à quatre ailes, nombre d'ailes qui est encore adopté aujourd'hui pour les aéromoteurs de grande puissance :

« Il faut que les ailes ne soient pas en si grand nombre que l'issue du vent (c'est-à-dire la sortie) qui les frappe soit arrêtée.

« Si l'on emploie des ailes planes, la direction de leur longueur (c'est-à-dire de leur plan) doit faire avec l'arbre tournant un angle de 72 à 75 degrés, pour en obtenir le plus grand effet.

« Plus les ailes sont larges, plus elles doivent être inclinées sur l'axe de l'arbre.

« Les ailes qui sont plus larges à leur extrémité que près du centre présentent plus d'avantage (c'est-à-dire ont un meilleur rendement) que celles de forme rectangulaire.

« Lorsque la surface des ailes n'est point plane, il est avantageux de présenter au vent la face concave de ces ailes.

« Si l'on présente à un même vent des ailes semblables de position et de figure, le nombre des révolutions qu'elles effectuent dans un temps donné est en raison inverse de leur longueur.

« Les effets (c'est-à-dire : la puissance motrice) produits par des

[1] Ceci n'est plus vrai avec les mécanismes des aéromoteurs modernes qui s'orientent toujours automatiquement.

ailes semblables de figure et de position exposées en même vent, sont proportionnels aux carrés des longueurs de ces ailes.

« Des ailes de même largeur et de longueurs différentes produisent des effets proportionnels à leurs longueurs lorsqu'elles sont semblablement inclinées. »

D'autre part :

« Il ne paraît pas que le vent se trouve dans une direction parallèle à l'horizon ; il est, du moins généralement reconnu que des ailes placées dans un plan vertical prennent moins bien le vent que si l'on les incline de 8 à 15 degrés sur l'horizon l'arbre qui porte les ailes ; tous les constructeurs sont d'accord sur ce point. »

Le même Smeaton assure que la puissance d'un moulin à vent dont les ailes sont dans le plan horizontal (ces moulins se nomment *pananémones*) n'est réellement que la huitième ou la dixième partie de la puissance du moulin à vent dont les ailes sont dans le plan vertical.

Nous ajouterons que les anciens moulins à vent étaient fort bien étudiés et avaient un très bon rendement ; ils étaient entièrement en bois et constituaient des merveilles de charpenterie, les moyens dont on disposait alors ne permettaient pas de les construire en fer ou acier.

Chapitre II

Aéromoteurs ou turbines éoliennes

M. le Professeur Lacour a fait d'intéressantes expériences sur les aéromoteurs modernes à la Station d'essais d'Askov (Danemark) de 1891 à 1900 ; il est arrivé aux conclusions suivantes :

1°. Toutes choses égales d'ailleurs, la pression du vent est proportionnelle à la surface des ailes de forme semblable ; elle est également proportionnelle au carré de la vitesse du vent.

2°. Le travail utile d'une aile plane n'est pas égal à la moitié du travail utile d'une aile creuse.

Cette dernière règle contredit l'opinion d'après laquelle la pression du vent agit à angle droit sur les ailes et M. Lacour a trouvé que, sur une aile plane, un vent d'un mètre par seconde donne un travail de 42 grammes- mètres par mètre carré de surface, la vitesse de l'aile étant 2,23 fois celle du vent et l'angle du plan de l'aile 12°,5 ; avec une aile à surface brisée, on obtient un travail maximum de 108 grammes-mètres, la vitesse de l'aile ayant trois fois la vitesse du vent, sous un angle de 7°,5.

Les surfaces résistantes des ailes d'une roue doivent être très réduites et ne pas avoir plus d'un sixième de la périphérie circulaire ; la force motrice est alors environ 77 grammes-mètres ; les portions inférieures des ailes peuvent occuper sans perte de force une plus grande partie de la périphérie.

Le professeur Lacour conseille d'employer seulement quatre ailes dont la largeur, égale au quart ou au cinquième de leur longueur, sera constante sur toute cette longueur ; la surface des ailes devra commencer à une distance de l'axe égale à la largeur de l'aile ; la section de l'aile sera

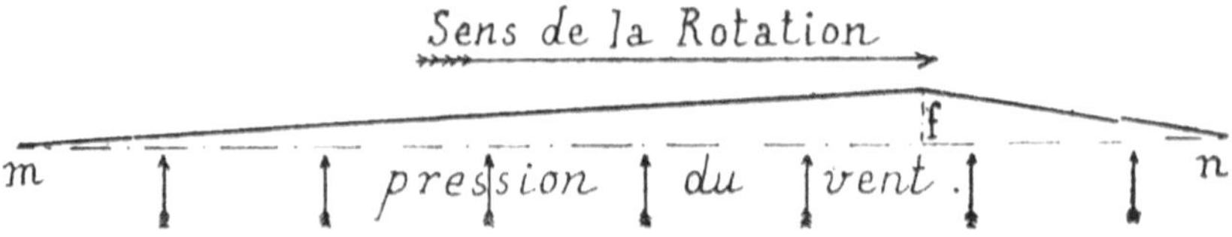

Fig. 4. Coupe d'une aile.

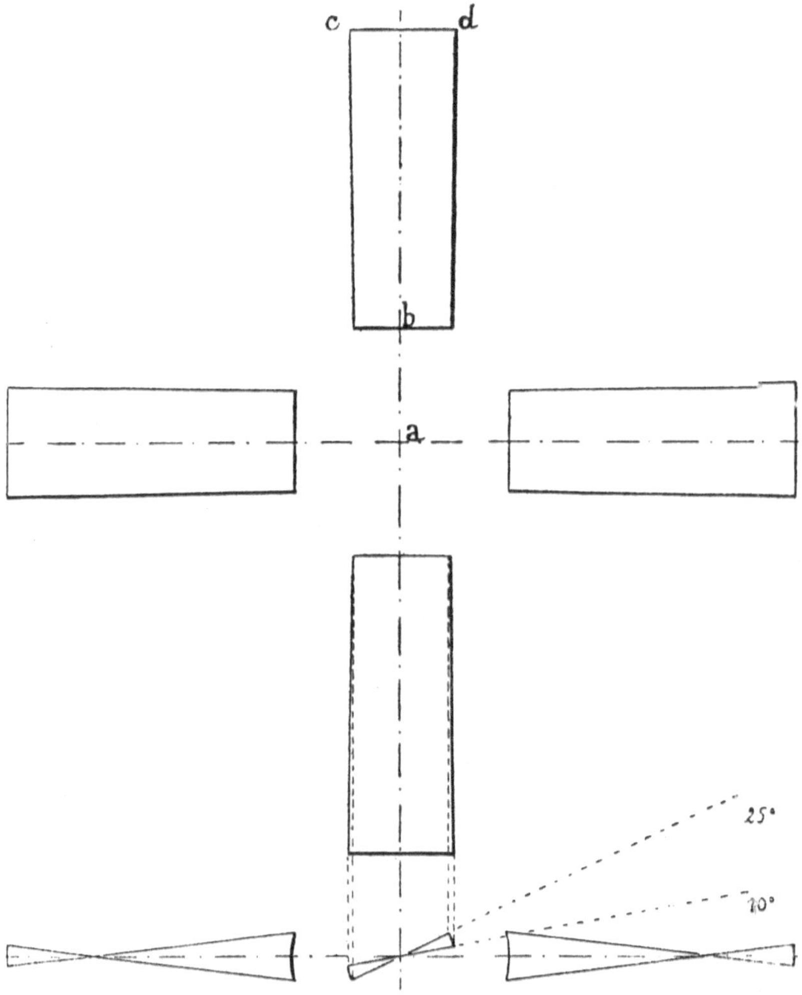

Fig. 5. Épure d'une roue à quatre ailes.

une ligne courbe ou brisée dont une partie sera trois fois plus grande que l'autre, se mouvant en avant ; la distance entre la corde de l'arc et le sommet de l'angle sera de 3 à 4 % de la largeur de l'aile ; un passage continu (c'est-à-dire un raccordement en courbe adoucie et continue), sera ménagé entre les deux portions de l'aile ; une ligne droite tirée à l'extrémité de l'aile, du bord avant au bord arrière, fera un angle de 10 degrés avec le plan de la roue (direction du mouvement de l'aile), cet angle croîtra à mesure que l'aile se rapproche du centre où il sera de 25 degrés ; l'aile est donc gauchie en forme hélicoïdale ; la vitesse de l'aile à la circonférence de la roue sera 2,43 fois celle du vent.

Dans les conditions ci-dessus, le travail utile de la roue sera de 60 grammes-mètre par mètre carré de surface des ailes pour un vent d'un mètre par seconde et croîtra comme le cube de la vitesse du vent.

Pour régulariser la vitesse de la roue, le professeur Lacour conseille l'emploi d'ailes s'effaçant automatiquement sous l'effort du vent, leur angle d'ouverture variant avec la vitesse.

Nous avons indiqué dans les figures ci-après les données précédentes :

- Figure 4 : section d'une aile de largeur *mn* ; la longueur de la flèche *f* = 0,04 mn.
- Figure 5 : épure d'une roue à 4 ailes ; la largeur des ailes est égale pour chacune au quart du sixième de la circonférence de la roue, soit l,042R4, 1,042 étant la longueur de l'arc sous-tendu par une corde égale à 1 ; les ailes sont inclinées à 25° du côté du centre et à 10° sur la circonférence ; la distance *ab*, du centre de la roue à l'aile, égale la largeur de celle-ci.

D'après *Debauve*, l'aile doit commencer au quart de la longueur du rayon à partir du centre et on lui donne pour largeur le sixième du rayon de la roue en faisant l'inclinaison selon les angles indiqués par Smeaton ci- dessus ; le travail fourni par une aile peut être calculé par la formule $F = 0{,}12SV^3$, S étant la surface de l'aile et V la vitesse du vent.

Le vent et ses effets

Un bon moteur à vent démarre par des vents de 2,50 m à la seconde, alors que certains appareils exigent des vents de 3,50 m à 4 m à la seconde.

Cette vitesse de 2,50 m à la seconde est presque insensible, de tels vents sont courants et soufflent journellement comme le prouvent les observations faites durant cinq années consécutives par l'Observatoire officiel du Parc Saint-Maur, qui sont résumées dans le tableau ci-dessous :

NOMBRE D'HEURES où le vent dépasse 2m50 à la seconde	Janvier	Février	Mars	Avril	Mai	Juin	Juillet	Août	Septembre	Octobre	Novembre	Décembre
Par jour......	16	17	18	18	16	15	13	13	13	14	14	16
Par mois	500	469	550	533	486	453	415	409	391	423	411	491

On a donc, chaque mois, une moyenne de 450 heures pendant lesquelles fonctionne le moteur aérien, sur un total de 720, soit 15 heures par jour sur 24 ; en Amérique, chaque ferme, chaque ranch, possède un moulin à vent, quelquefois deux ou trois ou même plusieurs dizaines. Mais on étonnerait bien des Français en leur apprenant qu'en France le régime des vents est au moins aussi favorable qu'en Amérique. Il est très facile de vérifier en partie le régime des vents dans une région grâce au tableau suivant.

	vitesse par seconde	pression en kilogr.	effets du vent
Vent très faible	1	0,14	Les feuilles des arbres sont immobiles
Brise légère, démarrage des moulins	2	0,54	Fouilles faiblement agitées.
Vent frais ou brise	4	2,1	Les rameaux remuent légèrement.
Vent bon frais, convenable pour moulins	7	6,64	Les branchettes: plient.
Forte brise	8	8,67	Les branches se balancent
Grand frais, convenable pour navires	9	10,97	Les branches plient.
Très forte brise	10	13,54	Les peupliers plient.
Vent très fort	15	30,47	Des branches faibles sont brisées.
Vent impétueux	20	54,16	Des branches moyennes sont brisées.
Tempête	24	78,00	De fortes branches sont brisées.
Ouragan	36	176,00	Les toitures sont endommagées.
Grand ouragan	46'	280,00	Les gros arbres et les toitures sont arrachés

Ce tableau donne les vitesses et pressions du vent par mètre carré de surface perpendiculaire à sa direction. De très grands ouragans et cyclones ont donné des vitesses de 60 à 70 m par seconde, correspondant à des pressions allant jusqu'à 500 kgr. par mètre carré ; sont exceptionnels, mais la construction du moulin do cependant les prévoir.

Ailes

On a fait des roues d'aéromoteurs avec des ailes formées de minces planchettes de bois (frêne, sapin ou hêtre), inclinées comme des lames de persiennes (*Halladay, Vidal Beaume*, fig. 8), mais on les fait plutôt maintenant en tôle d'acier à laquelle on peut donner la courbure théorique la meilleure pour l'utilisation du vent.

Dans les roues des moulins de la marque *Agricco*, on a 4 ou 5 ailes dont la section représentée par la figure 6 à la forme d'un poisson ; ces ailes épaisses ont le profil actuellement reconnu le meilleur pour les ailes des aréoplanes : le vent attaque l'aile par son côté épais et arrondi et donnerait ainsi le meilleur rendement ; ces ailes sont pivotantes sur des axes selon les rayons de la roue pour s'effacer en cas de vents exagérés.

Fig. 6. Coupe de l'aile d'un moulin Agricco.

Ainsi que le prouvent les nombreux essais faits et selon les opinions rapportées ci-dessus, il n'est pas avantageux d'augmenter indéfiniment le nombre des ailes : la roue à 4 ou 5 ailes bien construites est meilleure que la roue à nombreuses palettes chevauchant les unes sur les autres : une remarque analogue a du reste été faite pour les hélices d'aéroplanes et de navires auxquelles OR donne au plus quatre pales ; un grand nombre de pales forme comme un plan faisant obstacle au passage du vent, tandis que quatre pales prennent le vent et le courant d'air les traverse en agissant réellement sur toute leur surface : les grands aéromoteurs danois sont à 4 ou 5 ailes (fig. 12, 13 et 20).

Orientation de la roue

Pour utiliser les vents les plus faibles, la roue doit se présenter perpendiculairement au vent. Cette orientation automatique s'obtient soit par une queue maintenue perpendiculaire au plan de la roue et formant girouette, soit par une petite turbine auxiliaire simple ou double,

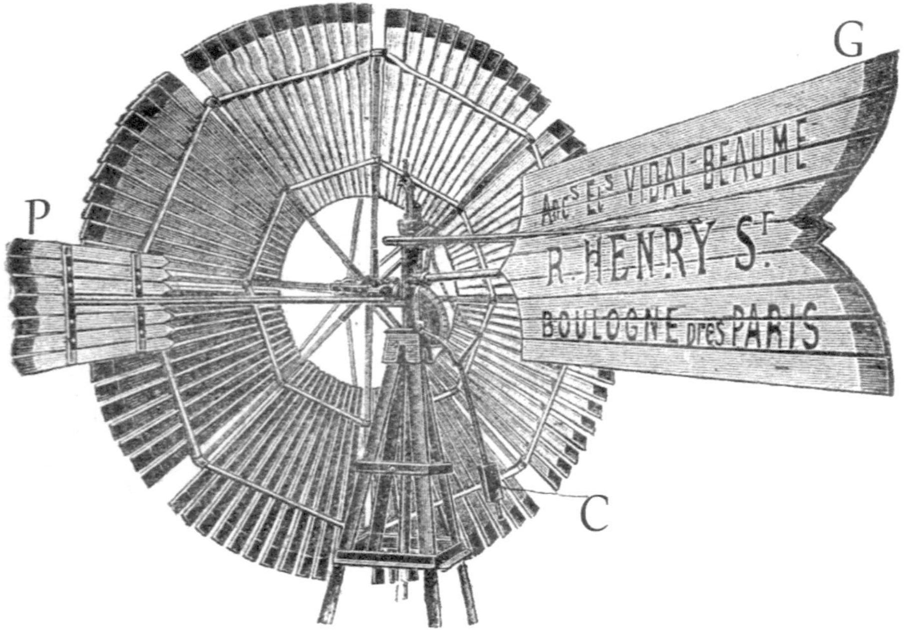

Fig. 7- Roue prenant le vent

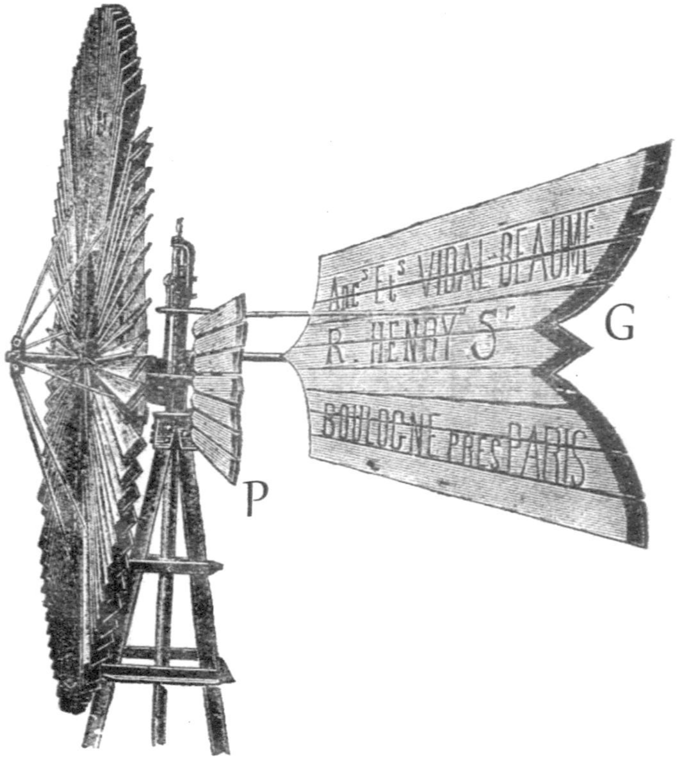

Fig. 8. Roue effacée.

appelée *Rose des vents* (fig. 25), dont le plan est perpendiculaire au plan de la roue principale ; si le vent vient en travers, la rose des vents tourne dans un sens ou dans l'autre et fait pivoter le plan de la roue principale par l'intermédiaire d'engrenages qu'elle entraîne généralement par une vis sans fin ; le support-arbre horizontal de la roue est donc installé sur une douille ou plate-forme à axe vertical.

Le système à girouette, très simple, est employé pour les petits moulins à vent et celui à rose des vents pour les grands aéromoteurs, car il a l'avantage d'être plus progressif et de donner des à-coups moins violents que la girouette.

Nous verrons des exemples de ces deux systèmes dans les appareils décrits plus loin : figures 7, 8, 14, 10, orientation par gouvernail-girouette.

Effacement des ailes ou de la roue

Il est intéressant de rendre la vitesse de la roue aussi constante que possible ou du moins, de la limiter à un maximum bien défini ; d'autre part, en cas d'ouragan, il faut absolument n'opposer au vent qu'une surface très réduite ; enfin si l'on ne se sert pas de l'appareil, il faut pouvoir soustraire la roue à l'action du vent et l'arrêter. Pour obtenir ces résultats, on emploie deux procédés différents :

1. - Effacement des éléments formant les ailes. — Les ailes sont composées d'un ou de plusieurs éléments susceptibles de pivoter autour d'un axe : cet axe n'étant pas au milieu de la superficie de l'élément d'aile, le vent tend constamment à le faire basculer, mais on dispose des ressorts ou des contrepoids antagonistes qui tendent à ramener l'élément perpendiculairement au vent ; quand celui-ci dépasse la vitesse-limite, l'élément d'aile bascule et laisse passer le vent proportionnellement à son excès de vitesse

La figure 9 montre un élément de roue *Halladay* (américain) : les ailes pivotent autour de l'axe rigide *ab* qui est soutenu par les rayons *ac*, *ab* sur le moyeu et prennent, en cas de grand vent, la position représentée figure 10 ; les ressorts ou contre poids de rappel ne sont pas figurés sur ce schéma.

La figure 11, représente des éléments d'ailes de roue *Reinsch* (allemand) qui pivotent autour d'axes selon les rayons de la roue, ces axes n'étant pas au milieu des ailes, de façon que le vent tende à les faire pivoter.

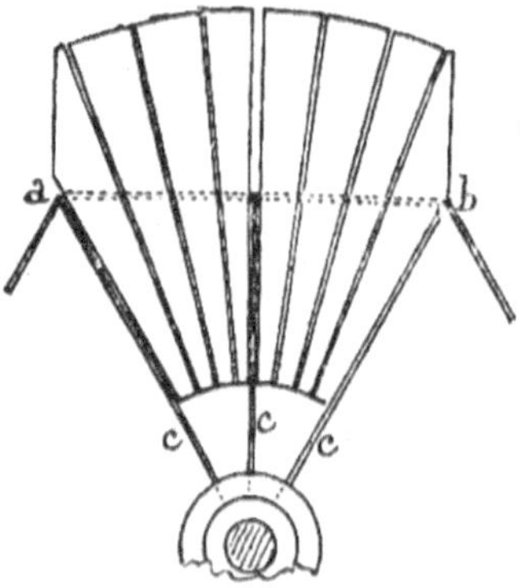

Fig. 9- Aile Halladay dans le vent.

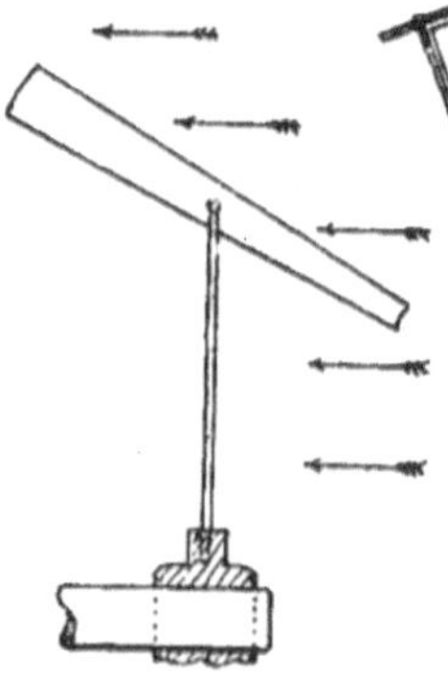

Fig. 10- Aile Halladay effacée.

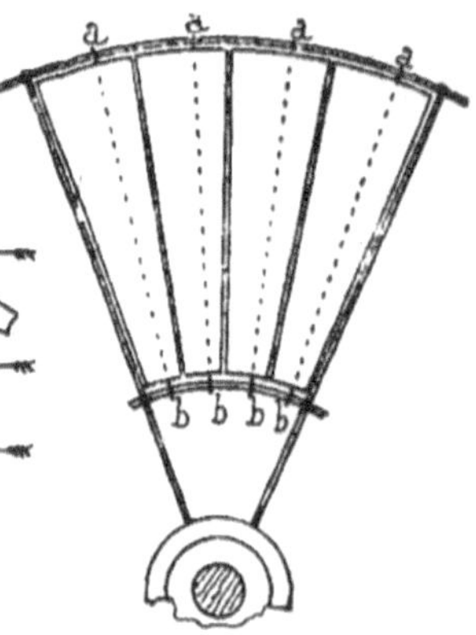

Fig. 11- Aile Reinsch.

Dans la figure 12, turbine atmosphérique *Mammouth* (danois), les ailes sont formées d'éléments pivotants autour d'axes perpendiculaires aux bras ou rayons de la roue ; on voit figure 13 l'effacement de ces éléments par temps d'ouragan.

Les arbres en bas à gauche de cette photographie témoignent de la violence du vent au moment où elle a été prise.

Dans tous ces systèmes, la roue est rigidement reliée au gouvernail qui lui est toujours perpendiculaire ; certains constructeurs relient les éléments mobiles à un groupe de biellettes qui peuvent être actionnés à la main du bas du pylône pour mettre la roue à l'arrêt.

2. - Effacement de la roue tout entière. — Le bras portant le gouvernail est articulé sur le support de l'axe de la roue éolienne, de sorte que le gouvernail peut se replier sur le plan de la roue et l'ensemble se met alors automatiquement dans la direction du vent auquel il n'offre que le minimum de prise.

Un mécanisme quelconque, tringle ou chaîne, permet de replier le gouvernail sur la roue, depuis le bas du pylône, pour mettre la roue au repos.

La figure 7 montre le dispositif de M. Henry, à Boulogne-sur-Seine ; un système analogue est employé par les aéromoteurs *Herkules* (allemands) : le gouvernail- girouette G est articulé sur un support vertical et la roue est solidaire d'une palette P qui lui reste toujours parallèle.

Fig. 12 et 13.- Moulin Mammouth.

Quand la vitesse du vent augmente, elle fait pivoter le support de la roue dont le plan se rapproche du plan du gouvernail ; un contrepoids G tend à ramener la roue dans le plan perpendiculaire à ce gouvernail ; la figure 8 montre la roue et sa palette parallèles au gouvernail G.

Utilisation de la force centrifuge

On a imaginé divers dispositifs comportant un régulateur à boules agissant par des biellettes qui commandent la roue ou les éléments d'ailes. Le *Manuel de l'Ingénieur* de Debauve, en cite l'inventeur : Bernard ; ce système compliqué ne paraît pas supérieur aux procédés simples ci-dessus décrits. Debauve cite un grand nombre de types de moulins à vent employés vers 1872.

Effacement de la roue par excentrage de son support

Dans l'*Aermotor* américain (*Leclerc et Jarre*, à Paris), la roue comporte 18 ailes en tôle d'acier galvanisée, fixées sur deux jantes elles-mêmes réunies au moyeu par 12 rayons en acier travaillant à la traction, comme des rayons de bicyclettes, figure 14 ; les ailes sont incurvées, comme le montre la figure 15.

Le sommet du pylône est muni d'un tube-pivot sur lequel vient se poser l'ensemble de l'*Aermotor* (roue, mécanisme et gouvernail).

Fig. 14. - Turbine Aermotor.

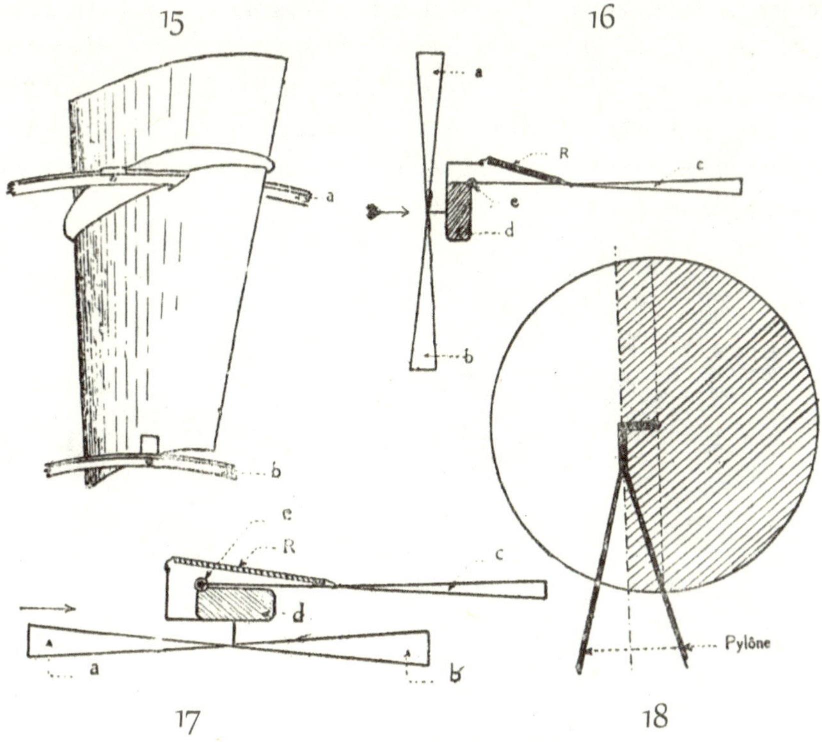

Fig. 15-18. - Détails de l'Aermotor.

Sur la figure 14, on aperçoit ce tube, au second plan, sous le carter du mécanisme.

Tout l'ensemble peut librement pivoter autour du tube. Le gouvernail, de très grande surface, est toujours orienté suivant la direction du vent, absolument comme une girouette ordinaire. La roue étant perpendiculaire au gouvernail, se trouve donc face au vent.

Sur la figure 16, la flèche indique la direction du vent, le gouvernail *c* maintient la roue *a* face au vent.

On remarque que le gouvernail est fixé au carter *d* du mécanisme au moyen d'un pivot *e*. De plus, la roue est légèrement désaxée par rapport au pivot vertical. (Voir fig. 17.)

On comprend aisément que la surface offerte au vent du côté *b* étant plus forte que du côté *a*, la roue a tendance à s'effacer devant la pression du vent et à se placer parallèlement au gouvernail. Lorsque le vent est normal, le ressort R compense l'effet du vent et maintient la roue perpendiculairement au gouvernail et, par conséquent, face au vent. Si, au contraire, la vitesse et la pression du vent augmentent et dépassent la limite fixée par la tension du ressort R, la roue pivote autour du pivot *e* et vient se placer parallèlement au gouvernail, n'offrant plus que le minimum de prise au vent (fig. 18). La bourrasque passée, le ressort ramène la roue motrice face au vent.

Fig. 19 - Aéromoteur Couppez.

Le moulin *Aiglon* de M. Couppez a son pivot de roue excentré comme ci-dessus, mais le rappel dans le plan perpendiculaire au gouvernail est fait par un contrepoids P au bout d'un levier, figure 19. La turbine atmosphérique à 4 pales Aurora, figures 20 et 21, est aussi sur un axe excentré par rapport au gouvernail ; rappel par ressort dans la position perpendiculaire.

Indice de réglage

Un bon moulin à vent doit être réglé pour un débit correspondant à un vent de 7 m à la seconde. La roue doit commencer à se fermer parallèlement au sens du vent quand celui-ci tend à lui imprimer une vitesse exagérée (vent dépassant 10 à 12 m par seconde). La fermeture doit être complète quand le vent souffle en tempête.

Turbine atmosphérique A. Dumont

Cet appareil est formé par un grand cylindre en tôle dans lequel sont rivées des surfaces hélicoïdales ; l'orientation se fait par une girouette ; l'axe de la turbine est horizontal et l'axe de pivotement est vertical.

Fig. 20 - Turbine Aurora au vent.

Turbine Bollée

Composée de deux roues à palettes dont l'une est fixe et forme directrice du vent et l'autre motrice et mobile ; le poids de l'appareil est plus de deux fois celui d'une roue ordinaire et le rendement n'est pas supérieur ; l'orientation est faite par une petite turbine auxiliaire (rose des vents).

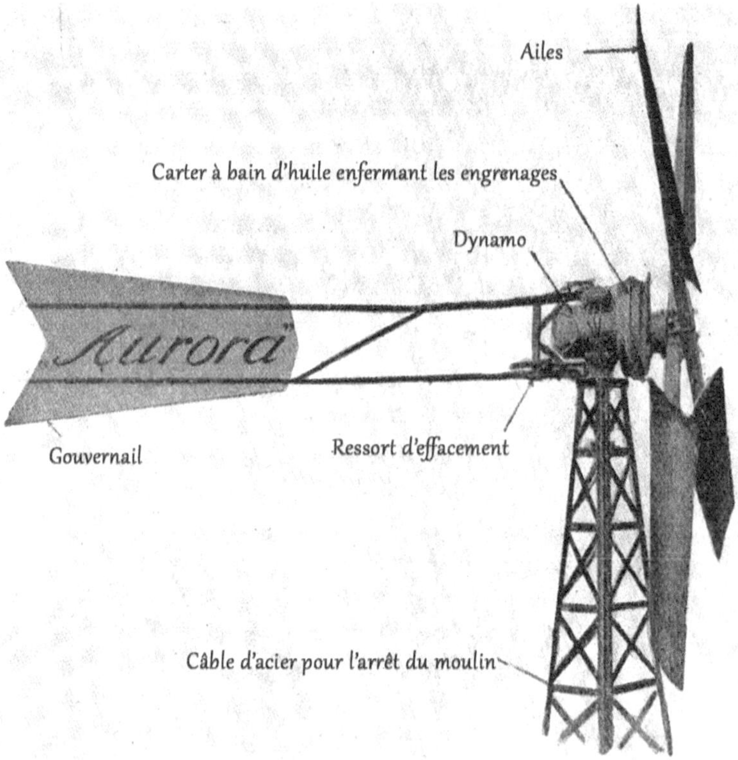

Fig. 21 - Turbine Aurora avec dynamo.

Hélice Sanderson

Surfaces hélicoïdales fixées sur un arbre horizontal ; mauvais rendement.

Moulin à vent polonais

Une couronne avec aubes directrices envoie le vent sur une roue à palettes.

Moulin à vent grec ou anatolien

Une roue supporte un certain nombre d'aubes en forme hémisphérique, sortes de cuillers, c'est une sorte de pananémone (voir ci-après).

Résumé des conditions de construction des roues aériennes

La puissance obtenue dépend :

1°. de la répartition des ailes dans la roue ; on doit réserver entre les ailes des passages de section suffisante pour permettre le libre écoulement du vent ;
2°. de la courbure et de l'angle d'attaque des ailes ;
3°. de l'inclinaison de l'arbre sur le plan horizontal ; le vent soufflant généralement de haut en bas, il est bon d'incliner cet arbre de 14 degrés environ sur l'horizon.

On doit tenir compte :

1°. de la bonne disposition et construction du mécanisme et de sa facilité de graissage et d'entretien ;
2°. de l'influence de la pression statique de l'air due à la succion du vent par l'arrière des ailes ;
3°. des pertes par tourbillonnement et par la force vive du vent à la sortie des ailes.

Le rendement mécanique de la roue seule va de 0,6 à 0,9 de la puissance transmise par le vent.

Organes de transmission

Quand il s'agit seulement de puiser et élever l'eau, on met au pied du pylône une pompe aspirante et foulante d'un modèle spécial représenté figure 29 ou, dans le cas d'un puits profond, une pompe à fourreau ; ces

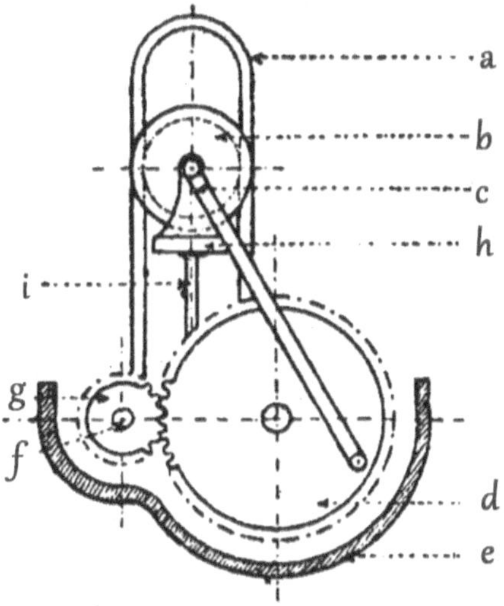

22

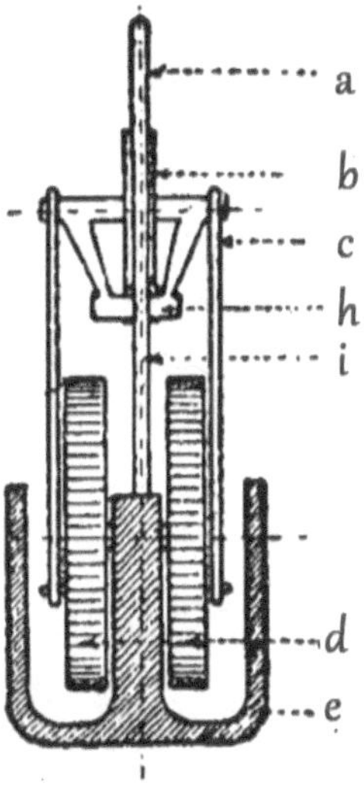

23

Fig. 22 et 23 - Mécanisme Aermotor.

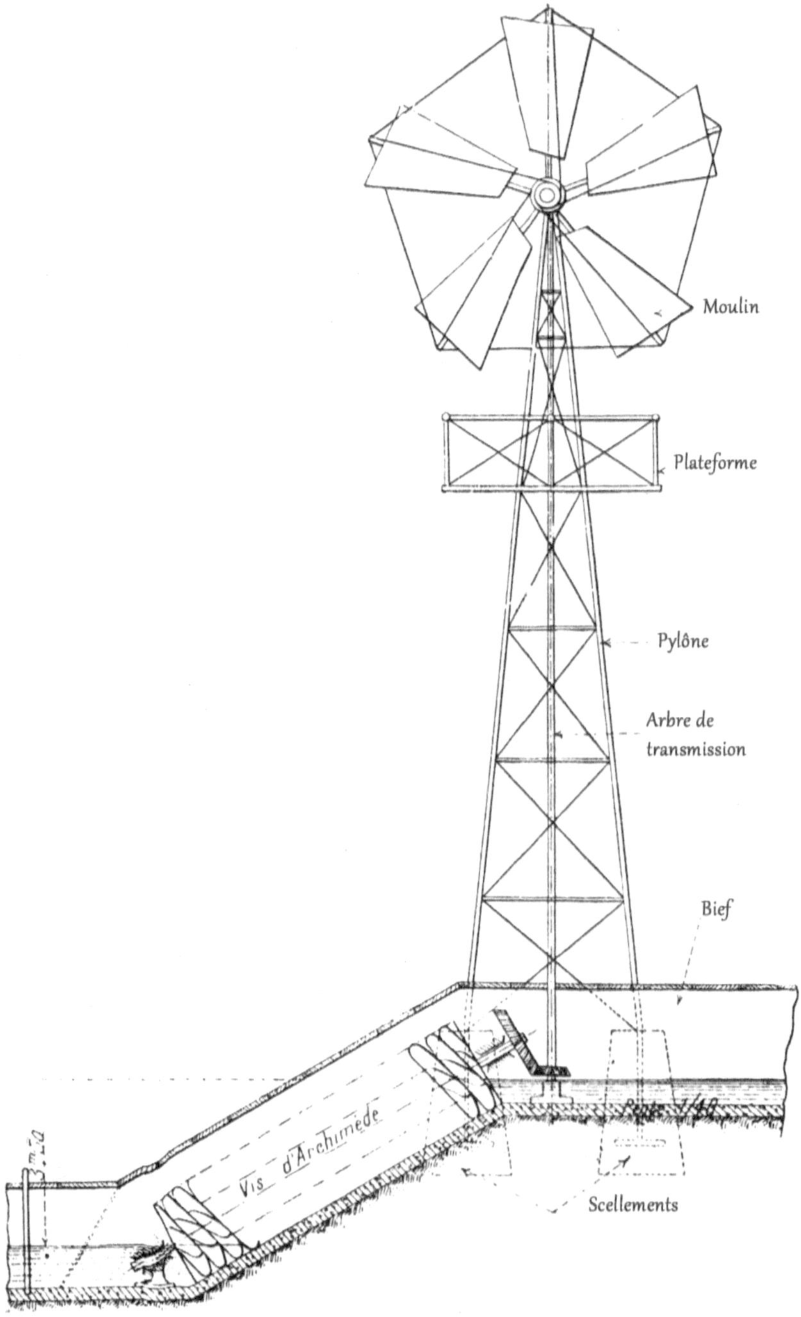

Fig. 24 - Moulin Agricco.

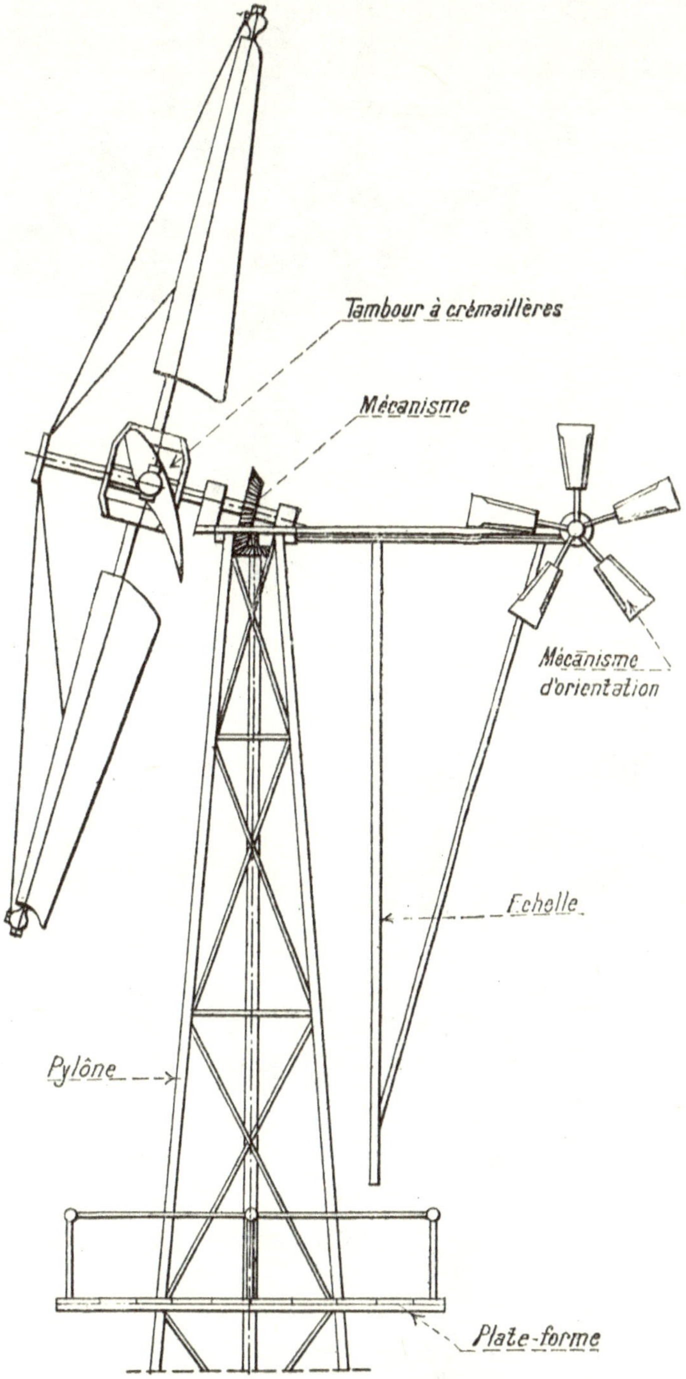

Fig. 25 - Moulin Agricco à ailes épaisses.

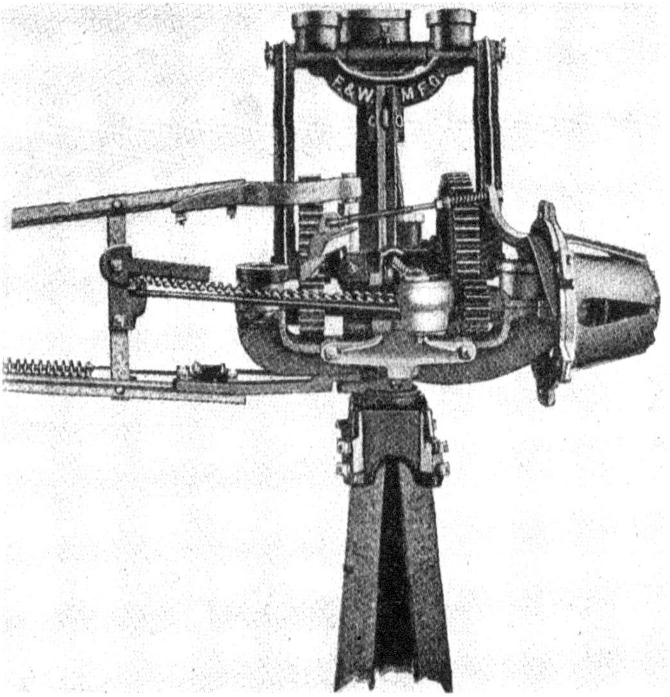

Fig. 26 - Aermotor gréé au vent. Mécanisme de pompage et d'effacement.

Fig. 27 - Aermotor gréé contre le vent. Mécanisme de pompage et d'effacement.

pompes sont à simple effet ; l'arbre de la roue éolienne porte un plateau manivelle et la transmission se fait par une longue bielle en bois ou en tubes d'acier qui ne travaille qu'à la traction pour éviter les effets de flambage, vu sa grande longueur.

En raison de la grande vitesse de rotation de la roue à ailes, certains constructeurs mettent un engrenage démultiplicateur entre l'axe de cette roue et l'arbre manivelle qui actionne la bielle de transmission à la pompe ; les figures 22 et 23 montrent le mécanisme de ce genre adopté par l'*Aermotor C°* : le pignon *g* est calé sur l'arbre de la roue et entraîne le double engrenage *d* (rapport 1 à 3) qui porte 2 manetons entraînant 2 bielles *c* qui attaquent la tige de la pompe a guidée en *b* ; le mouvement de cette tige est donc rectiligne et peut être guidé de haut en bas par des galets ou coulisses.

Cette démultiplication supprime les points morts et facilite le démarrage de la roue qui se met en marche par vents de 2 à 3 m Les axes des engrenages à manetons sont déportés par rapport à la tige de pompe, de façon que leur action est meilleure pour la montée de cette tige que pour sa descente ; le tout est à bain d'huile dans un carter *e*.

Les moulins à transmission rotative comportent du haut en bas du pylône un arbre, guidé par des coussinets intermédiaires, mis en rotation par un engrenage calé sur l'arbre de la roue atmosphérique figures 24 et 25 ; les figures 28 et 30 montrent des mécanismes destinés à recevoir et transformer le mouvement de cet arbre en bas du pylône ; on a

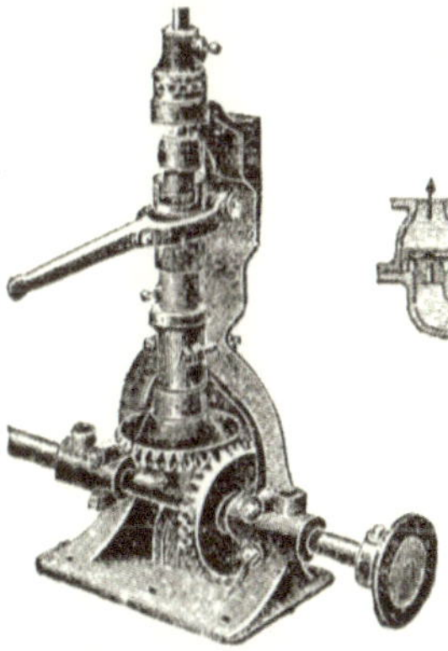

Fig. 28- Mécanisme de renvoi en bas du pylône.

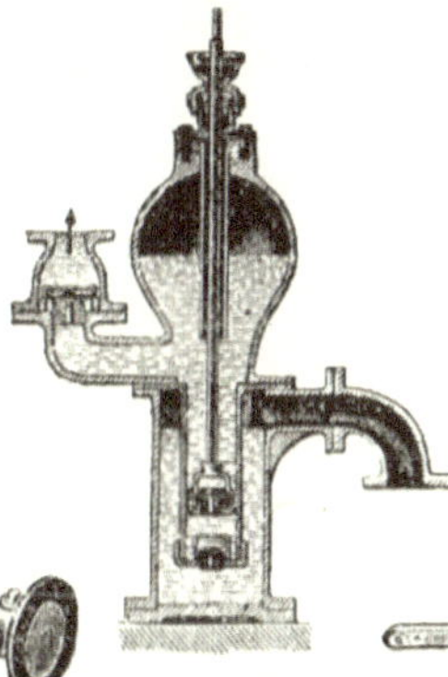

Fig. 29- Pompe spéciale pour commande directe par bielle.

Fig. 28- Mécanisme de transformation de mouvement rotatif en alternatif en bas du pylône.

employé les transmissions par chaîne ou courroie avec peu de succès vu la grande hauteur du pylône et la verticalité de la transmission.

Graissage

Les coussinets et engrenages placés au sommet du pylône sont difficilement accessibles ; le constructeur doit les prévoir à bains d'huile avec une provision d'huile telle que le renouvellement ne soit nécessaire qu'à de longs intervalles : certains aéromoteurs ne se graissent qu'une fois par an.

Chapitre III

Pylônes

On a fait des pylônes en bois, mais il est préférable de les faire en cornières d'acier que l'on ancre dans un massif de béton, armé ou non, assez profondément dans le sol. On fait les pylônes pour petits aéromoteurs à 3 montants, mais il est mieux de les faire à 4 montants en donnant une base carrée dont le côté est égal à un cinquième de la hauteur du pylône.

Dans les pylônes *Pilter*, les montants sont faits de tôle d'acier emboutie d'une rigidité extrême. Chaque section a 3 m de longueur. Tous les 1,50 m environ, des cornières d'acier galvanisé réunissent les montants entre eux ; pour assurer la rigidité de l'ensemble, des fils d'acier galvanisés, tordus en sens inverse aux deux extrémités, forment une croix de Saint-André. La torsion a pour but de diminuer les effets de la chaleur et du froid sur la tension de ces fils.

Chacun de ces tirants, à l'un de ses points de fixation, est passé sur une rondelle à excentrique maintenue par le boulon retenant les deux cornières. Il est très facile, en donnant un quart de tour à cette rondelle, d'augmenter ou diminuer la tension du tirant.

La figure 31 montre un pylône en bois, la figure 32, un pylône en acier à 4 montants et la figure 34 un pylône en acier à 3 montants.

On installe quelquefois le pylône sur une tour en maçonnerie (fig. 33), ou en béton armé et, dans cette tour, on dispose le réservoir d'eau avec une cheminée centrale dans laquelle passe la bielle ou l'arbre de transmission.

31 32 33 34

Fig. 31 à 34. - Pylônes pour aéromoteurs.

Le moteur aérien doit être, autant que possible, sur un sommet ou monticule, son pylône doit l'élever d'au moins 3 à 4 m au-dessus des arbres, bâtiments, rochers et autres obstacles au vent se trouvant dans un rayon de 150 m environ, afin d'éviter les remous et de laisser libre passage au vent.

Galvanisation

Les ailes, les diverses parties du mécanisme et le pylône en acier doivent être galvanisés soigneusement pour résister efficacement aux agents destructeurs atmosphériques.

S'il y a des parties en bois, il faut les peindre au carbonyle ou carbonyléum une fois chaque année.

Vitesse de la roue aérienne

Il est plus avantageux, au point de vue rendement, d'employer une roue de faible diamètre tournant à grande vitesse, 100 tours et plus, par minute, qu'une grande roue tournant plus lentement.

Montage des pylônes

Les ancrages sont des bandes de fer plat percées d'avance de trous correspondant aux trous qui sont à la base des montants du pylône qui, une fois dressé en place, sera boulonné sur ces ancrages ; pour fixer ceux-ci dans le sol, on prévoit un massif de béton ou bien on se borne à fixer à la base de chaque ancrage une plaque en tôle forte sur laquelle on tasse la terre ; on peut aussi former à la base de chaque ancrage un dé en béton, comme le montre la figure 24 ; pour cela, on creuse 4 trous de 1,80 m de profondeur sur 1 m de diamètre, on met les ancrages en place en se servant d'un cadre en bois pour repérer les emplacements conformes à celui du pylône, on scelle au fond des trous dans des massifs de béton de 1 m de hauteur au moins, mais il est mieux de monter chaque massif au niveau du sol, comme on le voit figure 24.

Les ancrages doivent être bien horizontaux. Une fois le pylône dressé et boulonné sur ses 4 ancrages, on monte un dé en béton à 15 ou 20 cm au-dessus du sol pour empêcher la terre de ronger par oxydation les pieds du pylône.

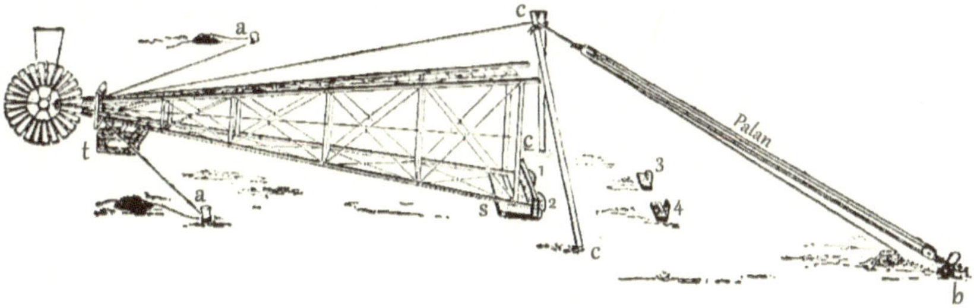

Fig. 35 - Levage d'un aéromoteur tout monté.

Le montage du pylône peut se faire pièce à pièce et on monte la roue et le mécanisme au sommet en dressant un mât de charge contre le pylône, mais les petits et moyens aéromoteurs se lèvent tout montés, comme on le voit figure 35 ; pour cela, on monte d'abord le pylône, le mécanisme et la roue, en appuyant la tête du pylône sur un tréteau ou échafaudage *t* de 2 à 4 m de hauteur, selon le diamètre de la roue et de façon que les pieds du pylône viennent s'appuyer sur une semelle ou sabot *s*, contre deux ancrages 1 et 2 ; on amarre un fort cordage à la tête du pylône et ce cordage passe sur la tête d'une chèvre ou d'un croisillon formé de deux mâts *ccc* ayant au moins, pour hauteur, une fois et demie la grandeur d'un côté du pied du pylône ; le levage se fait alors facilement avec un palan ou un treuil, amarré à un pieu *b*, tirant sur le cordage en tête du pylône ; pour empêcher le pylône de tomber à droite ou à gauche pendant le levage, on amarre en tête deux cordages sur des pieux *aa* et on file ces cordages au fur et à mesure que le levage se fait ; la distance entre les pieux *aa* doit être au moins égale à la hauteur du pylône ; une fois dressés, les deux autres pieds doivent venir en face des ancrages 3 et 4.

Nous avons donné au volume VI des instructions pour le levage des mâts et chèvres, l'amarrage des cordages et des pieux, et au volume IV la description des palans et treuils.

Chapitre IV

Utilisation des moteurs aériens

Employés surtout pour élever l'eau, assécher les marais et irrigations. De nombreuses et considérables installations existent au Danemark, en Hollande, dans les colonies ; certains agriculteurs en Tunisie élèvent jusqu'à 1 500 l d'eau par heure à 25 m de hauteur pour la culture des orangers par des aéromoteurs ; des milliers d'aéromoteurs sont en Algérie, en Tunisie et au Maroc pour puiser l'eau. On les emploie aussi pour la production de l'électricité, au moyen de dynamos compound, avec les appareils disjoncteurs-conjoncteurs appropriés.

Il résulte d'expériences faites en Algérie par le Commandant Riet qu'un aéromoteur est utilisable pendant 70 % du temps d'une année, qu'une roue aérienne de 5 m de rayon accapare une surface horizontale égale à un cercle de 60 m de rayon et qu'on pourrait, par une judicieuse répartition des aéromoteurs, obtenir 7 800 chevaux-heure par an et par hectare (51e *Congrès de l'Association française pour l'avancement des sciences* ; Constantine, 13-25 avril 1927).

Afin de remédier à l'inconstance d'action du moulin à vent ou aéromoteur, on a imaginé d'employer cet appareil seulement pour élever de l'eau, d'une manière continue, dans un réservoir de grande capacité surélevé le plus possible, à 20 m ou plus au-dessus du sol. L'eau ainsi emmagasinée gratuitement est alors employée à actionner une turbine hydraulique qui commande la dynamo.

Ce dispositif représente des frais d'installation assez élevés, mais il permet d'absorber toute la puissance des vents, de garder cette puissance en réserve et de ne l'utiliser qu'au moment où l'on en a besoin, sans déperdition : la turbine en bâche est alimentée d'eau par un simple tuyau venant du réservoir surélevé ; son rendement mécanique est excellent.

La dynamo pouvant être actionnée instantanément, par la simple manœuvre de la vanne d'eau de la turbine, peut fournir directement le courant aux appareils d'utilisation ; ceci supprime la batterie d'accumulateurs électriques, coûteuse, exigeant des soins et d'un mauvais rendement ; cette batterie est, de fait, remplacée par le réservoir d'eau qui est un véritable accumulateur de puissance, du meilleur type possible.

Le procédé que nous venons d'indiquer est donc extrêmement intéressant et pratique.

Au point de vue du calcul d'une telle installation, un aéromoteur ou turbine atmosphérique peut donner, d'après M. Plissonnier, constructeur à Lyon, les quantités suivantes d'eau élevées à 8 m de hauteur, par vent de 10 m par seconde :

Diamètre de la turbine atmosphérique	Litres d'eau élevés à 8 m de hauteur par heure	Puissance accumulée en chevaux vapeur-heure
5 mètres	20 000	0,59
6 —	32 000	1,19
7 —	49 000	1,45
8 —	58 000	1,71
9 —	66 000	1,95
10 —	76 000	2,25

On peut convenir de n'utiliser la turbine à eau que quelques heures par jour, de sorte qu'un moulin à vent de 10 m de diamètre qui recevrait seulement dix heures par jour un vent de 10 m par seconde accumulerait 22,5 chevaux vapeur par jour, ce qui permettrait d'actionner pendant cinq heures et demie une turbine hydraulique de 4 chevaux et, par suite, une dynamo assez puissante pour rendre de réels services. Mais le réservoir d'eau devrait avoir ici une capacité de 600 à 700 m^3 pour constituer une réserve suffisante.

Au sujet de l'utilisation, déjà faite, des moulins à vent pour la production de l'électricité, nous citerons les renseignements suivants donnés par un article de M. Ch. Groud, ingénieur, publié par l'*Electro-journal* :

Dans les grandes plaines ou sur les plateaux ne possédant pas de cours d'eau de quelque importance, il n'y a guère que le vent qui puisse fournir une force motrice naturelle.

Il y a bien longtemps que le vent est utilisé, et l'on peut même dire qu'il l'a été beaucoup plus autrefois qu'à l'heure actuelle. C'est que, en fait, le vent est très instable, très irrégulier, et manque souvent complètement. Les chutes d'eau sont d'une utilisation beaucoup plus commode, elles sont aussi plus constantes. Dans ces conditions l'on cherche à réaliser l'utilisation des chutes d'eau avant celle du vent, mais il faudra certainement en arriver à un large emploi de ce dernier.

Les variations de vitesse du vent présentent une grande amplitude et se produisent très rapidement. Le réglage automatique de l'appareil présente ici une très grande importance. Lorsque le vent dépasse une certaine vitesse (tempête), le moulin doit se dérober, se fermer ; l'on dit alors, qu'*il fuit la tempête.*

La théorie du moulin à vent manque encore de précision. Si l'on considère seulement la pression sur une surface plane immobile, perpendiculaire à la direction du vent, cette pression est donnée par la formule ;

$$F = 0{,}125\, V^2 \times S$$

S est la surface en mètres carrés.

V est la vitesse en mètres.

Le résultat, F, est exprimé en kilogrammes.

Dans ces conditions, un vent de 40 m à la seconde (ouragan) nous donnera une pression de 200 kg par mètre carré. Avec un vent de 10 m à la seconde (vent frais) la pression ne sera plus que de 12,5 kg au mètre carré.

Nous voyons ainsi que, si la vitesse du vent varie beaucoup, la pression produite varie encore beaucoup plus, puisqu'elle est en fonction du carré de la vitesse. D'autre part, les vents les plus communs ne fournissent pas une grande pression par mètre carré. Pour en obtenir une puissance notable, il faut donc leur opposer une surface considérable.

La formule précédente est relativement simple, elle ne l'est plus autant lorsque la surface est gondolée, concave ou convexe.

D'autre part, dans le cas d'une aile de moulin à vent se déplaçant sous l'action de celui-ci, il ne faut plus considérer que la vitesse relative du vent par rapport à l'aile.

Pour obtenir le travail que peut fournir un moulin à vent, Coulomb a établi la formule suivante :

$$T = n\,SV^3$$

n est un coefficient que Coulomb fait égal à 0,03, mais qui, en fait, peut varier énormément ; S est la surface mobile, V est la vitesse du vent.

D'après le professeur Ringelmann, voici les valeurs du coefficient *n* :

Vitesse du vent en mètres par seconde	Valeurs de *n*
4,10	0,0189
4,65	0,0156
5,26	0,0115
6,60	0,0081
7,50	0,0063
8,90	0,0039
10	0,0030

En ce qui concerne le terme V^3, il n'est exact, en pratique, que si l'on augmente la charge au fur et à mesure que la vitesse du vent augmente, cette augmentation de charge devant être proportionnelle à V^3.

Si l'on n'opère pas ainsi, la vitesse du vent augmentant, celle des ailes augmente aussi et, en fait, le travail mécanique utilisable est proportionnel à la vitesse du vent, et non plus à son cube[2].

L'emploi des moulins à vent pour la production de l'énergie électrique a déjà donné lieu à quelques applications intéressantes, notamment au Danemark.

Par exemple, l'on trouvait à Askov un premier moulin à quatre ailes de 6 m de long sur 2 m de large, et un second à quatre ailes de 7,40 m sur 2,50 m. Le premier était employé à électrolyser de l'eau, pour la production d'oxygène et d'hydrogène. Le second moulin commandait deux dynamos de 9 kilowatts chacune. L'une de ces dynamos assurait la production d'oxygène et d'hydrogène, comme précédemment, l'autre chargeait une batterie d'accumulateurs, et alimentait un réseau de puissance et de lumière.

[2] Tenant compte de la succion d'air que fait la roue en arrière des ailes, le professeur Lacour donne pour formule du travail d'un moulin à vent :

$$T = SV / 1250$$

il admet que la puissance n'est proportionnelle qu'à la vitesse du vent et non à son cube.

Les divers essais qui ont conduit à réaliser cette installation ont montré tout d'abord qu'il est avantageux de placer l'axe du moulin très au-dessus du sol, et ensuite que le moulin à quatre ailes, d'une construction économique et commode, est le plus avantageux comme rendement ; cependant le moulin à disque démarre plus facilement par vent faible.

Si le nombre des ailes est moindre que quatre, l'utilisation est moins complète ; si, d'autre part, le nombre est supérieur, il se produit des réactions et des remous entre les ailes, et le rendement baisse. Il y a lieu, d'autre part, de réduire au minimum la surface coupant le vent.

La vitesse périphérique des ailes : V × 2,5 (V vitesse du vent) est celle qui permet d'obtenir le rendement maximum. L'angle formé par la surface de l'aile avec la direction du mouvement doit être de 10 degrés à l'extrémité, 25 degrés au centre. Il faut éviter que le vent choque l'aile.

La formule de Coulomb deviendrait, dans ce cas particulier (P = puissance en kilogrammètres) :

$$P = 0{,}06SV^3$$

Si P est la puissance exprimée en kilowatts, l'on obtient la formule :

$$P = SV^3 / 1670$$

Le Danemark est un pays où les vents soufflent de façon à peu près permanente et où, par conséquent, les moteurs éoliens sont avantageux. Aussi les installations analogues à la précédente se sont-elles multipliées. Un moulin édifié dans l'île de Seeland offre une surface de voilure de plus de 30 m². Par vent de 7 m, il peut donner une puissance de 8 chevaux, à la vitesse angulaire de vingt-quatre tours à la minute.

Dans ces diverses installations, les transmissions de l'arbre de commande du moulin à la dynamo sont constituées par poulies et courroies. Celles-ci sont tendues par un équipage mobile à contrepoids, qui permet de régler la tension et de limiter l'adhérence sur la poulie de la dynamo.

Dans ces conditions, l'augmentation de la vitesse de l'arbre du moulin produit simplement un glissement de la courroie sur la poulie, et le couple transmis reste à peu près constant.

La vitesse de la dynamo se règle automatiquement d'après l'état de charge de la batterie, l'intensité est réglée automatiquement par le poids. La vitesse de la dynamo varie avec le voltage qu'on lui demande.

S'il arrive que le vent faiblisse, la vitesse de la dynamo peut devenir insuffisante pour obtenir un voltage supérieur à celui de la batterie. Celle-ci se décharge alors dans la dynamo, qui, tournant dans le même sens, agit en moteur et accélère la rotation des ailes. On évite cet inconvénient au moyen d'un relais automatique. La dynamo et les accumulateurs ne sont connectés qu'autant que le voltage de la dynamo est supérieur, ils sont coupés dans le cas contraire.

Dans ce procédé, la dynamo est directement sur la batterie d'accumulateurs, dont la capacité doit être soigneusement étudiée. Une étude des observations météorologiques montre le plus ou moins de fréquence des vents et aussi leur intensité.

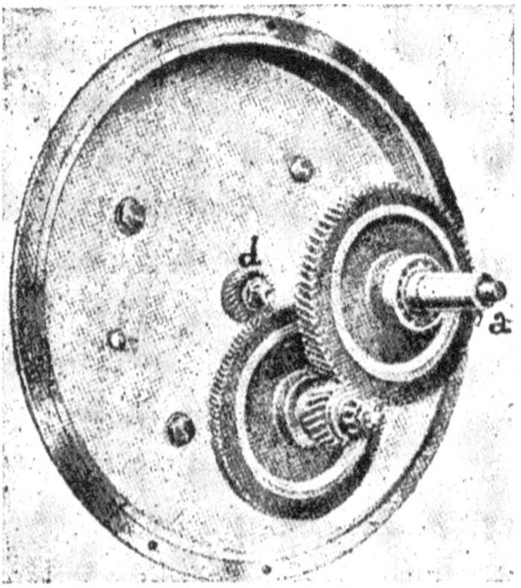

Fig. 36 - Mécanisme Aurora pour commande directe de dynamo.

Un autre système, appliqué également au Danemark, tolère de grandes variations de voltage. La dynamo est reliée directement au circuit de force qui porte, en dérivation, les accumulateurs jouant le rôle de tampon. Sur le circuit d'éclairage, le voltage est maintenu constant par un réducteur automatique, qui met plus ou moins de bacs en circuit, suivant que les accumulateurs sont eux-mêmes en charge ou en décharge sur le réseau force. La vitesse maxima de la dynamo correspond à la vitesse maxima du moulin.

En ce cas, la dynamo est entraînée par un train d'engrenages que représente la figure 36, *a* étant l'arbre de la roue du moulin à vent et *d* l'arbre de la dynamo. À cette vitesse maxima, la dynamo fournit un voltage qui doit convenir encore aux accumulateurs ; ceux-ci refusent le débit quand ils sont pleins.

Ce système utilise certains dispositifs du précédent, et notamment les relais. Il fournit de meilleurs rendements. La machine porte un enroulement supplémentaire en série avec le petit moteur du réducteur automatique ; son excitation est ainsi toujours assurée.

L'installation de l'île de Seeland, dont nous avons parlé, assure le fonctionnement de 378 lampes à incandescence, 6 lampes à arc, un moteur de 4 chevaux et demi, actionnant un pétrin et une scie à ruban. Cette installation, établie assez longtemps avant-guerre, a coûté 19.000 fr., y compris les bâtiments.

La batterie d'accumulateurs, comprenant 60 bacs de 600 ampères-heure, a coûté à elle seule 5 500 fr. L'installation possède un moteur à pétrole de secours de 10 chevaux, qui, en 1904, n'a fonctionné que 90 heures.

Les frais annuels, y compris l'intérêt et l'amortissement, étaient estimés à 3 000 fr., ce qui donnait 0 fr. 40 pour le kilowatt-heure pour toute l'année ; ce prix serait moins élevé si l'on n'avait envisagé que l'hiver, temps de la plus grande consommation.

Commande de la dynamo

Généralement, on place la dynamo au pied du pylône et la transmission se fait, depuis la roue aérienne, par un arbre vertical rotatif et des trains d'engrenages ou une courroie ; cependant, certains constructeurs ont placé la dynamo au sommet du pylône et l'entraînent directement par engrenages : tel est le dispositif Aurora représenté figure 21 ; la figure 36 ci-contre montre l'intérieur du carter à bain d'huile contenant les engrenages hélicoïdaux qui transmettent entre la roue à ailes et l'arbre de la dynamo qui donne 30 à 45 volts ; elle est du type blindé et est accompagnée des accessoires suivants : une batterie d'accumulateurs de 61 éléments, 30 volts, dont la capacité est largement calculée pour supprimer la panne d'électricité, même en cas de manque de vent durant plusieurs jours.

Un tableau en marbre comprenant ampèremètre, volt-mètre, interrupteur de batterie, interrupteur automatique, conjoncteur-disjoncteur et fusibles.

On pourrait reprocher à ce dispositif la difficulté d'accès de la dynamo et la résistance que la transmission positive par engrenages doit opposer au démarrage de la roue éolienne ; il est vrai que l'on peut aider ce démarrage en envoyant le courant de la batterie dans la dynamo avec une résistance appropriée (rhéostat de démarrage) ; la dynamo fonctionnerait alors comme moteur.

TABLEAU GÉNÉRAL DES DÉBITS ET DES POMPES À EMPLOYER AVEC CHAQUE AERMOTOR SUIVANT LA HAUTEUR D'ÉLÉVATION.

HAUTEUR D'ÉLÉVATION en mètres	CALIBRE de la pompe en mm.	CALIBRE de la tuyauterie en mm.	DÉBIT horaire en litres	CALIBRE de la pompe en mm.	CALIBRE de la tuyauterie en mm.	DÉBIT horaire en litres	CALIBRE de la pompe en mm.	CALIBRE de la tuyauterie en mm.	DÉBIT horaire en litres
	Aermotor de 1 m. 85			Aermotor de 2 m. 45			Aermotor de 3 m. 05		
5	100	50/60	2 300	120	60/70	4 850	150	80/90	8 350
10	70	40/49	1 100	80	40/49	2 150	100	50/60	3 700
15	60	33/42	800	65	33/42	1 400	80	40/49	2 350
20	50	33/42	550	60	33/42	1 200	70	33/42	1 800
25				60	33/42	1 200	65	33/42	1 550
30				50	33/42	830	60	33/42	1 300
35	Puits profonds............			50	60/70	830	60	72/82	1 300
40				40	50/60	530	50	60/70	920
45							50	60/70	920
50							40	50/60	580

		Aermotor de 3 m. 65			Aermotor de 4 m. 25			Aermotor de 4 m. 90		
5		200	102/114	15 000	250	250	23 100	300	300	30 000
10		130	66/76	6 400	175	102/114	11 300	200	102/114	13 000
15		110	60/70	4 600	130	66/76	6 250	175	102/114	10 000
20		100	50/60	3 800	110	60/70	4 450	150	80/90	7 600
25		90	50/60	3 000	110	60/70	4 450	140	80/90	6 600
30		80	40/49	2 400	100	50/60	3 700	130	72/82	5 700
35	Puits profonds	70	80/90	1 850	90	102/114	3 000	120	127/140	4 800
40		65	72/82	1 600	90	102/114	3 000	120	127/140	4 800
45		65	72/82	1 600	80	90/102	2 350	120	127/140	4 800
50		60	72/82	1 350	80	90/102	2 350	110	127/140	4 000
60		50	60/70	950	70	80/90	1 800	110	115/127	4 000
70		50	60/70	950	65	72/82	1 550	100	115/127	3 300
80		40	50/60	600	60	66/76	1 300	90	102/114	2 700
90					60	66/76	1 300	80	90/102	2 150
100					50	60/70	920	80	90/102	2 150
120					40	50/60	580	70	80/90	1 650
140								60	66/76	1 200
160								50	60/70	830

Le présent tableau indique les débits approximatifs des AERMOTORS par vent de 7 à m. à la seconde.

Pompes spéciales pour moulins à vent

Pour les puits peu profonds on emploie généralement la pompe aspirante et foulante représentée par la figure 29 ; pour les puits profonds, la pompe à fourreau qui sera décrite au Volume XIX. Bien entendu, la puissance absorbée par la pompe doit concorder avec la puissance que peut fournir la turbine aérienne et les tableaux donnés précédemment fournissent à cet égard tous documents nécessaires ; le tableau ci-avant établi par la Société de l'Aermotor complète ces indications ; il est établi en supposant que la vitesse moyenne de la pompe est de trente-cinq coups environ par minute ; il est recommandé de ne pas diminuer les diamètres des tuyauteries spécifiés afin de ne pas imposer de résistance à la pompe.

Indications à fournir pour un devis d'établissement d'un puisement d'eau par moulins à vent.

1°. Profondeur totale du puits, de A à B (fig. 37) ;
2°. Diamètre du puits ;
3°. Hauteur du sommet du réservoir au-dessus de l'orifice du puits (de A à C verticalement) ;
4°. Distance horizontale du puits au réservoir (de A à D) ;
5°. Quantité d'eau demandée par jour ;
6°. Quelle hauteur faut-il prévoir au pylône pour que le bas de la roue dépasse de 3 m tous les obstacles environnants dans un rayon de 100 m (la hauteur des pylônes est indiquée du sol au centre de la roue).

Puissance des aéromoteurs à arbre horizontal par vent de 10 mètres à la seconde (d'après M. Plissonnier).

Diamètre de la turbine	Puissance en HP	Quantité d'eau élevée à 10 m de hauteur par heure en m³
2,50 m	1/8	0,800
3 m	1/4	2,000
3,60 m	1/2	3,200
4,20 m	3/4	4,500
4,80 m	1 1/2	9,000
5,40 m	2 1/4	15,000
6 m	3	25,000
7 m	4 1/2	40,000
8 m	5	47,000
9 m	6	55,000
10 m	7	64,000

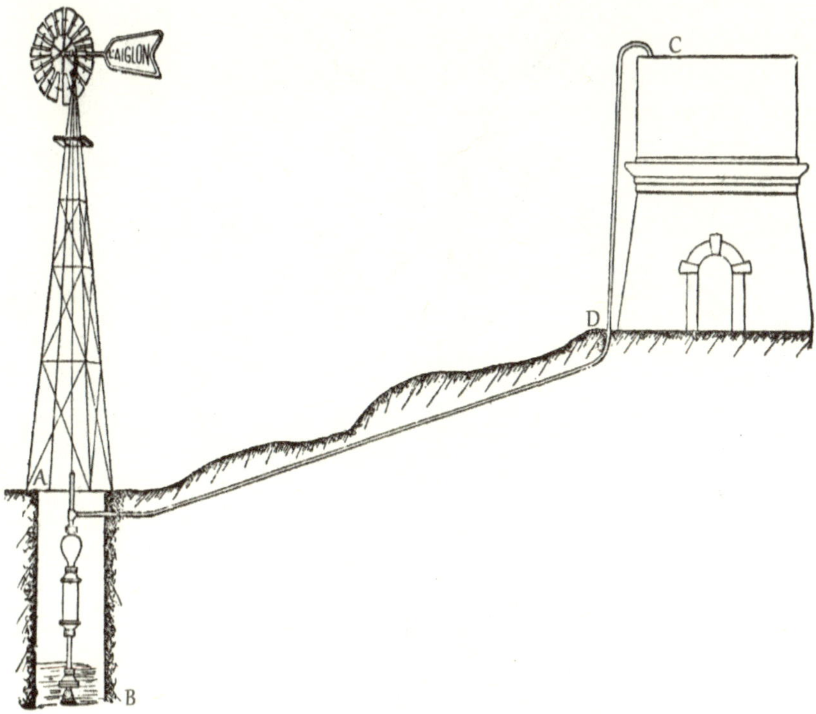

Fig. 37 - Schéma d'installation de pompage.

D'après MM. Houard et Lémonon on a trouvé les résultats suivants par vent de 10 m par seconde :

Diamètre de la roue aérienne	Nombre de tours par minute	Puissance en HP
2,45 m	75 à 80	0,50
3 m	70 à 75	0,70
3,65 m	65 à 70	1
3,90 m	60 à 65	1,40
4,25 m	55 à 60	2
4,85 m	50 à 55	2,80
5,45 m	45 à 50	3,70
6 m	40 à 45	4
7,60 m	35 à 40	6
9,15 m	30 à 35	8

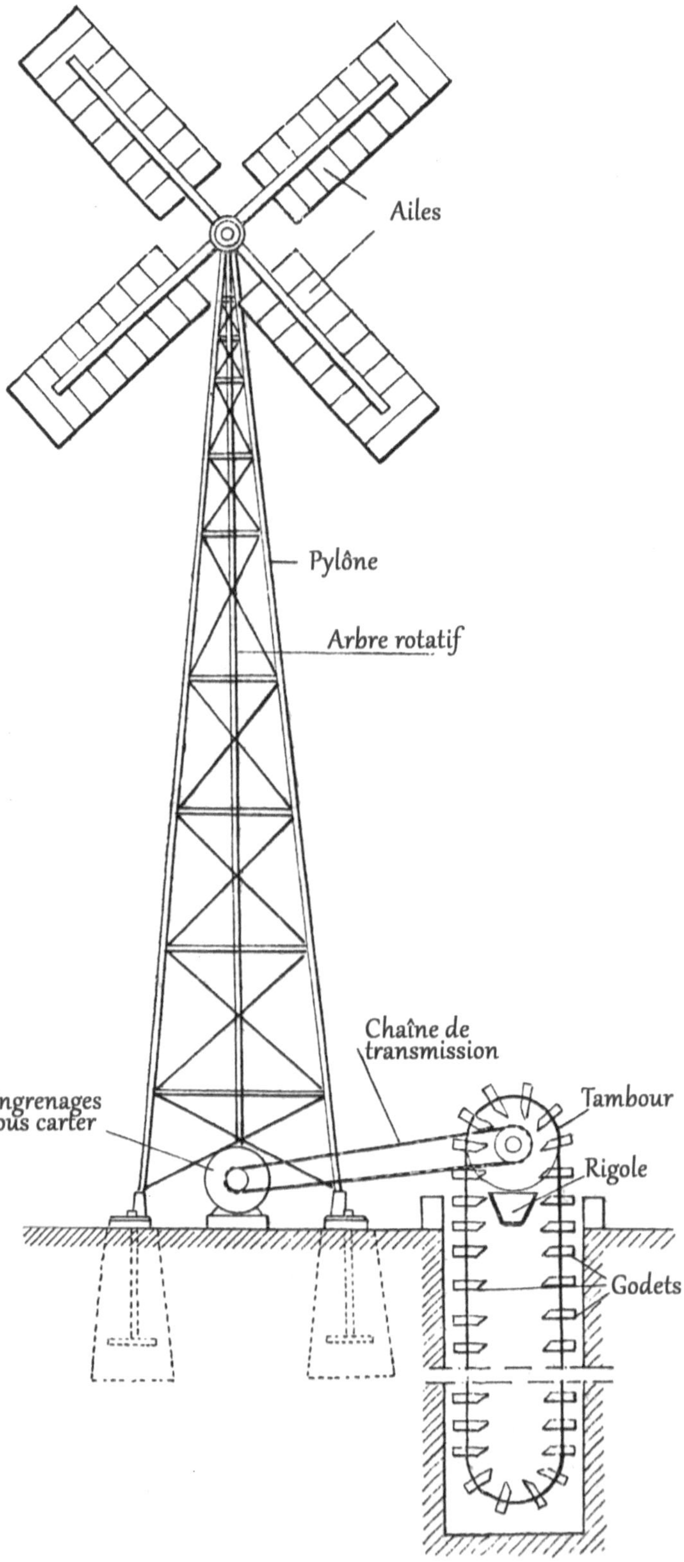

Fig. 38 - Moulin Mammouth actionnant une noria par arbre rotatif vertical.

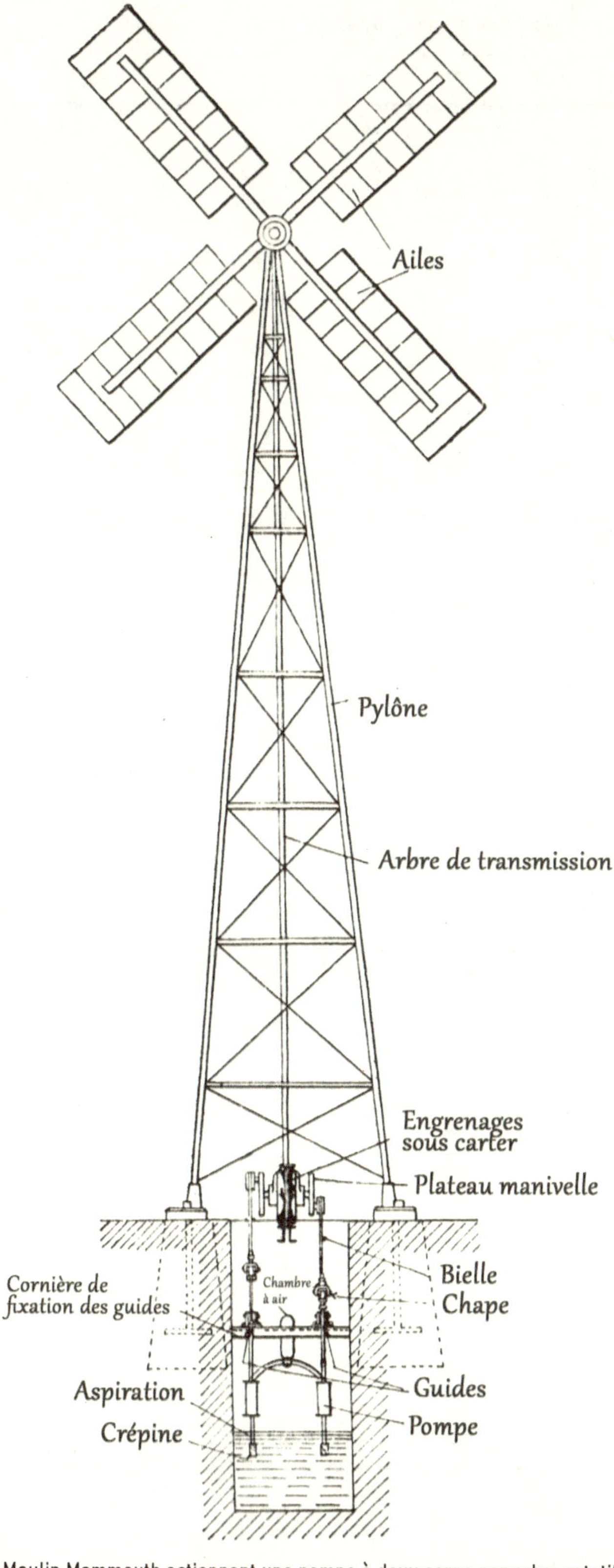

Fig. 39 - Moulin Mammouth actionnant une pompe à deux corps par arbre rotatif vertical.

Caractéristiques des moulins à vent danois "Mammouth" (fig. 12, 13, 38 et 39).

DIAMÈTRE DE LA ROUE	10 m.	12 m.	14 m.	16 m.	18 m.
Longueur de voilure	3 m. 75	4 m. 50	5 m. 25	6 m.	6 m. 75
Largeur de voilure	1 m. 25	1 m. 50	1 m. 75	2 m.	2 m. 25
Surface totale en mètres carrés	18 m. 75	27 m.	36 m. 75	48 m.	60 m. 75
Nombre de volets	32	36	44	52	60
Poids du moulin { brut	2 100 kg.	2 425 kg.	3 075 kg.	5 100 kg.	6 900 kg.
Poids du moulin { net	2 000 kg.	2 250 kg.	2 920 kg.	4 900 kg.	6 700 kg.
Poids boîte engrenage	450 kg.	450 kg.	800 kg.	800 kg.	800 kg.
Poids engrenage inférieur	85 kg.	85 kg.	175 kg.	175 kg.	225 kg.
Capacité de dynamo (max.) en kilowatts	10,5	13,5	19,5	25,5	30
Course en mm. de la bielle	310	370	430	490	540
Nombre de tours { V = 6 m.	65	54	45	40	36
Nombre de tours { V = 12 m.	130	108	90	80	72
Nombre coups piston par minute	29	24	20	18	16
Poids pylône de 15 à 20 m., par mètre, en kilogrammes	100	130	160	165	195

Moulinets moteurs pour dynamos d'avions

Les aéroplanes sont munis d'une dynamo assurant les services de l'éclairage et de la T. S. F. Dans les grands avions, cette dynamo est mue par un petit moteur à essence indépendant du moteur de marche ; mais, dans les petits appareils, on actionne cette dynamo par un moulinet qui est un petit aéromoteur entraîné par la pression de l'air déplacé par l'avion.

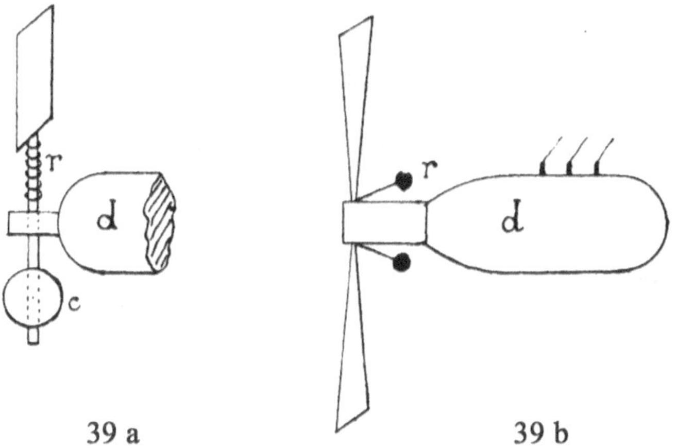

39 a 39 b

Fig. 39 a - 39 b - Moulinets moteurs pour avions.

Ce moulinet est constitué soit par une hélice à une pale, figure 39 a, dont l'angle d'attaque est modifié, selon la vitesse de l'avion, par un contrepoids d'équilibrage *c*, coulissant sur une tige et agissant sur la pale pivotante, qui est rappelée à sa position normale par un ressort *r* ; soit par une hélice à deux pales, figure 39 b, ces pales orientables étant sous l'action d'un régulateur centrifuge *r*.

La dynamo débite 300, 600 ou 1 200 watts ; l'hélice à deux pales a un diamètre de 0,60 m environ et le régulateur agit sur les pales de façon à maintenir un voltage à peu près constant entre 2 000 et 4 500 tours environ de la dynamo, pour des vitesses de l'avion entre 120 et 250 km à l'heure.

L'emploi des moulinets a les inconvénients suivants : nécessité de placer la dynamo hors de la carlingue, rendement mécanique mauvais, diminution des qualités de vol de l'avion. Voir : Pierre Frank, *la T. S. F. dans l'aéronautique* ; Suffrin-Hébert et Jarry, *Construction des avions* ; *l'Équipement électrique* à Puteaux (Seine).

Chapitre V

Pananémones

On désigne ainsi des aéromoteurs à arbre vertical, susceptibles de tourner sans orientation, quelle que soit la direction du vent. Ces appareils ne peuvent utiliser la pression du vent que sur la moitié au plus de leur surface, leur rendement est donc forcément bien inférieur à celui des roues dans le plan vertical ; mais, de plus, le mouvement de la partie de la roue qui ne profite pas de l'action du vent absorbe de la force par son déplacement dans l'air ; le rendement tombe ainsi à moins de 20 % de celui des turbines éoliennes à arbre horizontal.

Le professeur Debauve décrit ainsi celui de M. Letestu :

> « Sur un arbre vertical sont disposés, à des hauteurs croissantes, des rayons formant comme les génératrices d'une surface de vis à filet carré ; ces rayons sont réunis par un treillage en fer à mailles assez larges ; sur ce treillage sont fixées, par un de leurs bords, des bandes de caoutchouc ; lorsque le vent tend à appliquer le caoutchouc sur le treillage métallique, la pression est recueillie et transmise à l'arbre ; mais, après une demi-rotation, le vent agit derrière les mailles et repousse les bandes de caoutchouc qui se placent normalement au treillage et ne transmettent plus de pression. »

Il nous semble qu'il est inutile d'insister sur la fragilité de ce dispositif.

Les panémores ou panémones, autrefois essayés, comportaient tous des voiles ou des volets articulés se mettant perpendiculairement au vent dans une demi-rotation de l'arbre et dans le sens du vent pendant la demi-rotation suivante. Fragilité, bruit et chocs, mauvais rendement.

Dans le panémone de Cornvall les palettes sont des sortes de volets montés sur des châssis sur lesquels ils se plaquent pour recevoir Faction

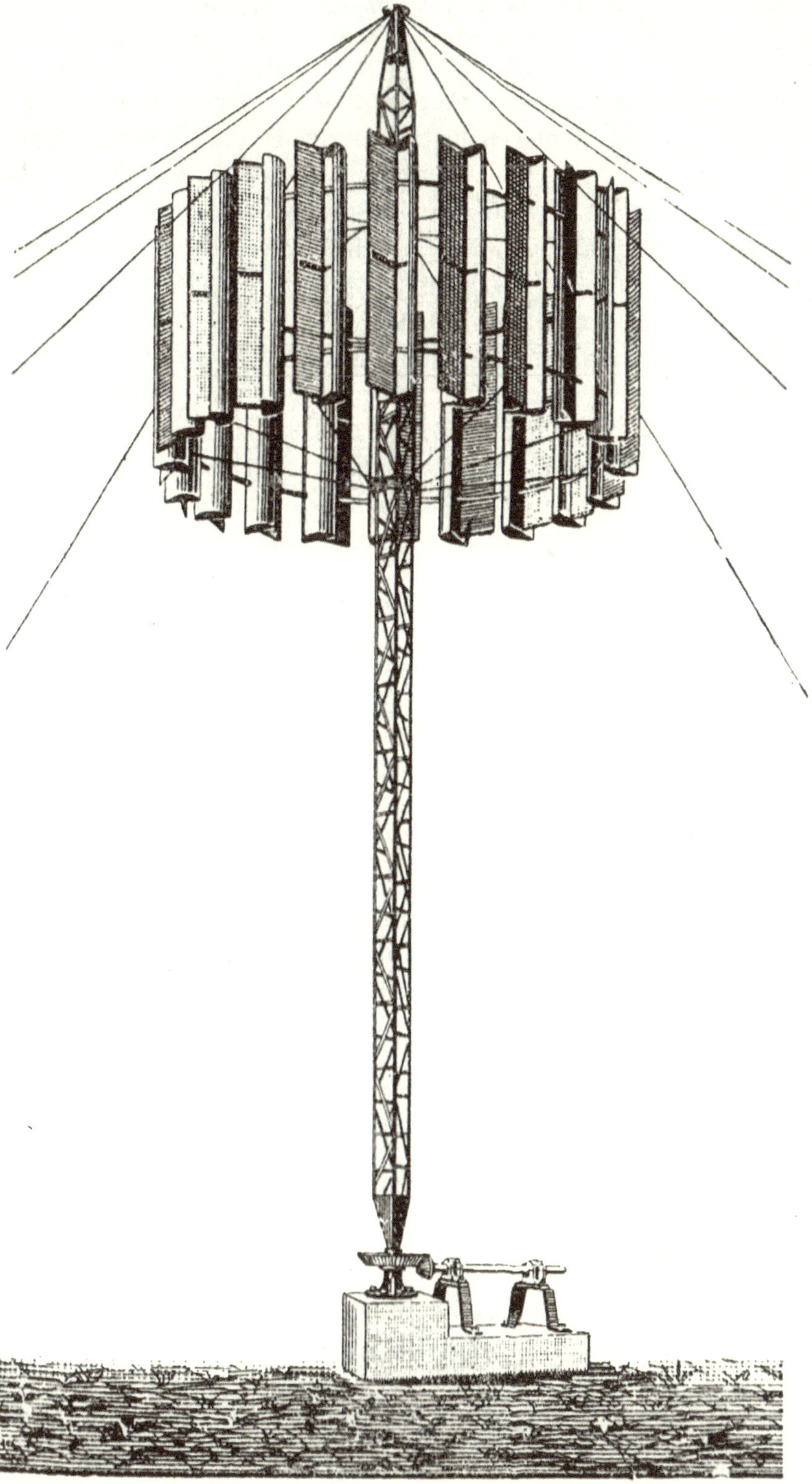

Fig. 40 - Aéromoteur Costes.

du vent et s'ouvrent quand le vent est de sens contraire. Il se produit des chocs que l'on atténue en augmentant le nombre des volets ; dans l'appareil Lequesne et Lefèvre, l'ouverture des palettes est limitée à un angle de 70 degrés avec la tangente, de sorte que les chocs sont moins violents ; dans le panémone Wood il y a plusieurs couronnes superposées sur un axe vertical et un régulateur fait varier l'inclinaison des palettes selon la vitesse de la machine.

D'autres appareils comme l'aéromoteur Costes, figure 40, consistent en surfaces concaves qui reçoivent le vent pendant une demi-rotation et ne présentent au vent qu'une surface convexe dans la demi-rotation suivante ; l'effort moteur n'est que la différence entre l'action du vent sur les surfaces concaves et convexes ; mauvais rendement, malgré les surfaces directrices perpendiculaires aux surfaces concaves, que Mr Costes adjoint à ses palettes.

Une autre idée est de mettre une roue à palettes dans une sorte de paravent qui masque une moitié de la roue : le vent agit sur l'autre moitié ; mauvais rendement, pour les causes énoncées plus haut.

Partie II

Les moteurs hydrauliques

Chapitre I

Détermination du débit d'eau

1. - Par mesurage direct. Si le cours d'eau est très peu important, on peut évaluer approximativement son débit en mesurant combien de temps il met à remplir un vase de capacité connue, un tonneau de 220 l par exemple.

Pour cela, il sera souvent nécessaire de barrer le cours d'eau et d'attendre que la chute, ainsi déterminée, ait acquis son débit normal, ce qui demandera plusieurs heures, surtout si la pente est faible et que le bief d'amont ait une grande surface.

Quand on jugera que le bief d'amont formé par le barrage est bien rempli et que la chute d'eau correspond au débit ordinaire du cours d'eau, on fera le mesurage en plaçant le tonneau vide sous la chute et en comptant, avec une montre à trotteuse donnant le cinquième de seconde, le temps que le tonneau mettra pour s'emplir.

On répétera plusieurs fois l'expérience et on fera la moyenne des résultats obtenus ; si le tonneau de 220 l a mis sept secondes deux cinquièmes pour s'emplir, on en déduira que le débit par seconde est de :

$$220/37 \times 5 = \text{environ } 29{,}5 \text{ l par seconde}$$

(37 étant le nombre de cinquièmes de seconde de sept secondes deux cinquièmes).

On pourra aussi opérer en dérivant le cours d'eau par un petit canal latéral dans un tonneau enfoncé dans le sol, l'ouverture du canal de dérivation étant faite au moment même où l'on barrera le cours d'eau avec une planche ou des mottes de terre.

On voit que ces procédés ne sauraient s'appliquer dès que le débit dépasse quelques dizaines de litres par seconde.

Au-dessus de ces très petits débits, on emploiera l'une des méthodes suivantes :

2. - Jaugeage par flotteurs. On choisit une portion du cours d'eau dans laquelle la largeur et la profondeur sont aussi constantes que possible et on détermine; aussi exactement que l'on peut, la profondeur moyenne dans cette portion du lit, la largeur à la surface et la largeur au fond, de manière à pouvoir établir la surface ou aire d'une section de la nappe d'eau par un plan perpendiculaire à sa direction.

Supposons que l'on ait trouvé :

Profondeur moyenne 1,50 m ;

Largeur à la surface de l'eau 2 m ;

Largeur au fond 1,20 m ;

On aura pour l'aire cherchée :

$$((2\text{ m} + 1{,}20\text{ m}) / 2) \times 1{,}50\text{ m} = 2{,}40\text{ m}^2$$

Connaissant cette surface de 2,40 m^2, il nous suffira de connaître la vitesse du courant d'eau pour obtenir son débit en mètres cubes par seconde.

On prendra pour cela un flotteur, planche de sapin, liège ou bouteille vide que l'on abandonnera au fil de l'eau sur la longueur de la portion du cours d'eau choisie pour l'expérience et dont on aura mesuré soigneusement la longueur.

On comptera le nombre de secondes que le flotteur mettra pour parcourir la distance mesurée. Supposons que le flotteur ait mis 78 secondes pour parcourir 145 m

$$145 / 78 = 1{,}86\text{ m}$$

Étant donné que la vitesse de l'eau est moins grande sur les bords et au fond qu'à la surface, on prendra les trois quarts du résultat trouvé, pour obtenir approximativement la vitesse moyenne du cours d'eau, soit dans l'exemple ci-dessus :

$$1{,}86/4 \times 3 = 1{,}39\text{ m par seconde.}$$

Nous trouverons le débit en mètres cubes par seconde en multipliant la vitesse de la masse liquide par la section du cours d'eau, soit 2,40 m x 1,39 m = 3,3336 m^3.

On voit combien ce procédé est simple et facile à appliquer quand on peut expérimenter sur une assez grande longueur d'un cours d'eau et surtout quand les berges sont assez régulières.

Pour faire ce mesurage par flotteur subissant la vitesse du courant à la surface en même temps qu'en profondeur, on emploie un appareil composé de deux sphères creuses, figure 41, dont une est lestée de façon qu'il se tienne verticalement dans l'eau ; on a ainsi la vitesse moyenne de la nappe d'eau.

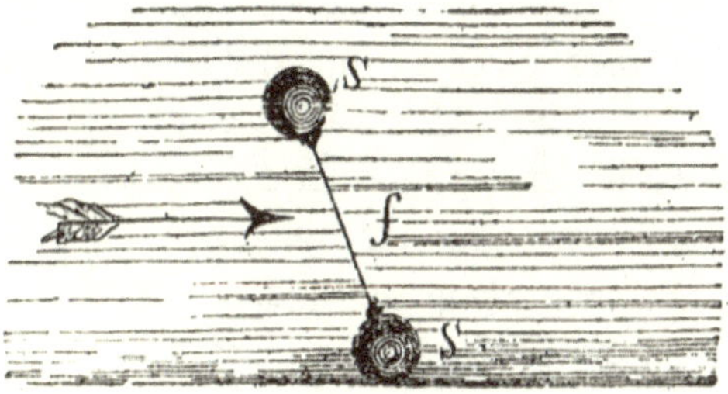

Fig. 41 - Jaugeage par flotteur.

Le jaugeage par ondes colorées est un procédé dérivé de celui par flotteur : on verse en amont une liqueur colorante dans le cours d'eau (généralement de la fuchsine) et on attend en aval, à une distance mesurée d'avance, le passage de l'eau colorée ; du temps écoulé on déduit la vitesse du courant d'eau.

3. - Jaugeage par tubes de Pitot. Cet instrument est destiné à mesurer les vitesses des courants liquides. Il se compose essentiellement de deux tubes de verre verticaux fixés sur une planchette de bois et communiquant entre eux à leurs parties supérieures par un tube métallique (figure 42).

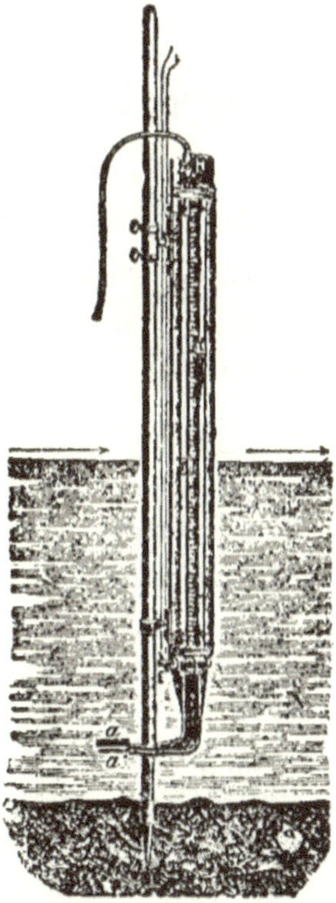

Fig. 42 - Tubes de Pitot.

Leurs parties inférieures, également métalliques, sont recourbées à 90° et terminées l'une par un *ajutage statique*, l'autre par un *ajutage dynamique*. L'instrument se fixe, pour les expériences, à une tige de fer autour de laquelle, grâce au système d'attache, il peut librement tourner. Il s'oriente ainsi de lui-même parallèlement au courant de sorte que les orifices inférieurs *a* et *a'* se présentent toujours face au fil de l'eau.

Les orifices des tubes de métal sont à quelque distance en avant de la tige, afin que le remous créé par celle-ci n'influence pas le courant à l'endroit des ajutages.

L'un de ceux-ci est ouvert perpendiculairement à la direction du courant, l'autre est, au contraire, ouvert parallèlement à celui-ci. De plus, il est placé au milieu d'un petit manchon spécial assez long pour forcer les filets d'eau à passer parallèlement à l'orifice. Cette addition, due à Ritter, a pour effet d'éliminer les actions des filets obliques et par ce moyen de mesurer exactement la pression statique (voir *Volume XIV*).

La pression dynamique, ou pression vive, est donnée par l'ajutage qui reçoit directement le courant.

Le niveau du liquide, dans le tube communiquant avec l'ajutage statique, est exactement celui du liquide dans lequel l'appareil est plongé, tandis que le niveau dans le tube correspondant à l'ajutage dynamique sera plus élevé par suite de l'action de la vitesse du courant.

Une échelle en cuivre, divisée en centimètres, est placée entre les deux tubes de façon à permettre la lecture des hauteurs de liquide dans chacun d'eux. C'est la différence de niveau dans les deux tubes qui sert à déterminer la vitesse du courant par application de la formule :

$$V = \sqrt{2gH}$$

dans laquelle g est l'intensité de la pesanteur (à Paris 9,81 m) et H la différence de niveau observée.

Il est à remarquer que la formule ci-dessus est tirée de la formule générale de Toricelli :

$$V = K\sqrt{2gH}$$

dans laquelle la constante K est réduite à l'unité.

C'est la disposition spéciale de l'ajutage statique de Ritter qui permet cette simplification de calculs et qui évite la détermination toujours difficile du coefficient.

Cette propriété présente une grande importance, car elle permet d'utiliser le tube de Pitot ainsi modifié comme un véritable étalon à l'aide duquel on peut tarer tous les autres instruments.

Pour déterminer la vitesse d'un courant, on fixe l'instrument à une tige de fer et on le descend dans l'eau jusqu'à ce que les orifices des tubes soient à la profondeur dont on désire connaître la vitesse. L'appareil s'oriente alors parallèlement au courant.

On ouvre le robinet E, en tirant l'un des cordons, l'eau prend alors son niveau dans les tubes ; lorsqu'il est bien établi, on tire le second cordon qui ferme le robinet et on retire l'instrument de l'eau.

On lit alors sur l'échelle, les hauteurs des deux colonnes liquides, soit, h et h'. La vitesse cherchée est alors facile à déterminer.

$$V = \sqrt{2g\,(h - h')}$$

Application.

Soit : $\left.\begin{array}{l} h = 0{,}514 \\ h' = 0{,}495 \end{array}\right\}$ On en déduit : $H = 0{,}514 - 0{,}495 = 0{,}019$

d'où :

$$V = \sqrt{2 \times 9{,}81 \times 0{,}019}$$

Il arrive souvent que lorsqu'on veut déterminer la vitesse d'un courant, l'instrument doit être entièrement immergé dans l'eau. Il aurait fallu alors faire usage de tubes d'une très grande longueur, mais la modification due à *Darcy* y supplée en permettant de comprimer, par le robinet supérieur, de l'air dans les deux tubes.

Ces tubes communiquent entre eux par leur partie supérieure ; il en résulte que la différence de niveau dans les deux colonnes liquides n'est pas changée, malgré la pression qui s'exerce au-dessus d'elles, puisque cette pression est la même dans les deux tubes.

La même difficulté se présente quand il s'agit de mesurer la vitesse de l'eau à sa surface : on aspire alors l'air contenu dans les tubes afin d'élever le niveau de l'eau au-dessus du robinet inférieur E.

4. - Jaugeage par moulinets hydrométriques. Lorsque les vitesses sont faibles, le tube de Pitot peut ne pas donner une exactitude suffisante parce que les dénivellations que l'on observe sont trop petites.

Il est alors préférable d'utiliser les moulinets hydrométriques, qui, au contraire, seraient d'un emploi difficile pour déterminer des grandes vitesses ou quand le courant entraîne des détritus, feuilles, etc., qui viendraient arrêter le mouvement des ailettes de l'instrument.

Le moulinet se compose d'une roue à ailettes actionnant un compteur et d'un gouvernail. Plongé dans l'eau, il s'oriente dans la direction du courant et donne, sous l'action de celui-ci, la vitesse rotative proportionnelle à la vitesse du courant (fig. 43).

Dans les appareils à compteur mécanique on observe le nombre de tours que la roue à ailettes a fait pendant un temps donné : une

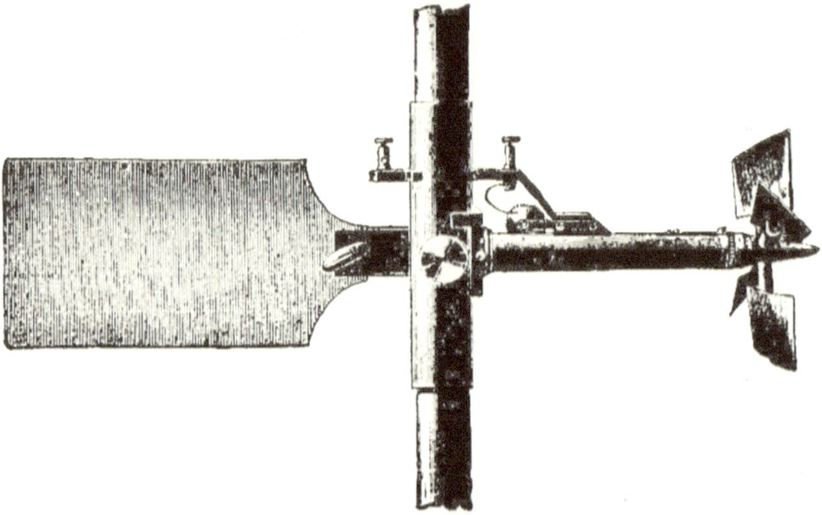

Fig. 43 - Moulinet de Woltmann.

minute par exemple. Dans les appareils à signal électrique on détermine le temps écoulé entre deux signaux, c'est-à-dire le temps nécessaire pour un nombre fixe de tours de la roue à ailettes.

Dans les deux cas, on obtient la vitesse du courant en reportant les chiffres obtenus dans une formule spéciale.

La vitesse du courant ainsi obtenue est la moyenne des vitesses pendant le temps de l'observation.

L'ancien moulinet de Woltmann n'avait que deux palettes inclinées ; le moulinet de Baumgarten a quatre palettes hélicoïdales.

Le compteur est embrayé au moyen d'une ficelle qui sert aussi à le débrayer après un temps donné d'observation ; on retire alors l'appareil de l'eau pour lire le nombre des tours faits par l'hélice.

L'expérience est renouvelée plusieurs fois au même endroit, mais au fond, au milieu et à la surface du liquide. On fait la moyenne des résultats ainsi obtenus sur une même tranche du cours d'eau et on prend ce chiffre pour la vitesse de l'eau à cet endroit. Cette vitesse, multipliée par la surface de la tranche liquide expérimentée, donne le débit du cours d'eau.

5. - Jaugeage par déversoir. — On commencera par barrer le cours d'eau sur toute sa largeur au moyen d'un *bâtardeau* ou d'un barrage en madriers et en mottes de terre si la largeur et la profondeur sont peu importantes. Au sommet du barrage on disposera une planche offrant sur toute la longueur du barrage une arête vive parfaitement horizontale, par-dessus laquelle l'eau se déversera en formant une petite chute. Les deux côtés de la chute seront limités par des planches verticales, comme le montre la figure 44, de manière que la nappe d'eau qui s'écoulera par le déversoir ainsi formé ait une section bien rectangulaire.

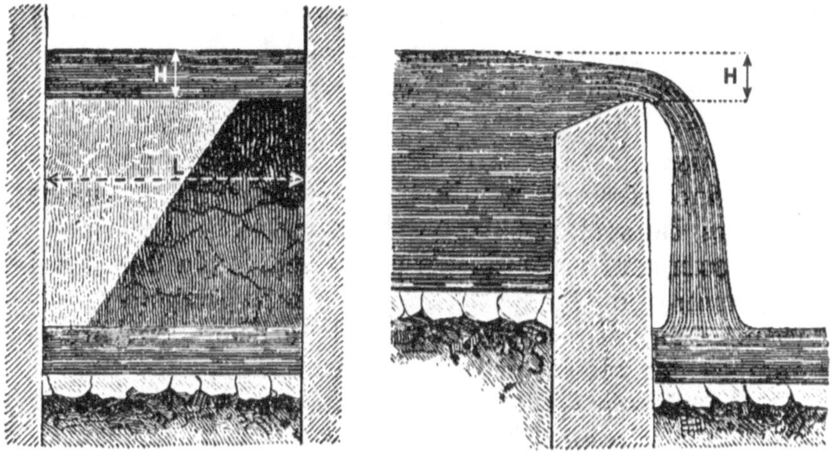

Fig. 44 - Jaugeage par déversoir.

Le barrage devra être assez haut pour que le liquide soit refoulé dans le bief d'amont, de façon que sa surface soit horizontale à quelque distance en amont du déversoir : ceci est dit pour le cas où le cours d'eau a une pente assez rapide.

Il s'agit maintenant de mesurer la hauteur de la nappe d'eau qui passe au-dessus du déversoir. Cette mesure devra se faire à 1 ou 2 m en amont du déversoir et à l'endroit où l'eau est le plus tranquille. À cet effet, on aura disposé un pieu à la distance voulue en amont, le haut de ce pieu étant de niveau avec la crête du déversoir, comme l'indique la ligne horizontale.

On mesurera alors avec un mètre, aussi exactement que possible, la hauteur H entre la tête du pieu et le niveau de l'eau pris à 1 m au moins en amont du déversoir. Le débit du cours d'eau par seconde est donné} très approximativement par la formule :

$$Q = mLH\sqrt{2gH}$$

dans laquelle *m* est un coefficient qui varie de 0,42 à 0,51 selon la profondeur du bief d'amont, mais que l'on peut prendre dans la pratique égal à 0,45 (on trouvera les valeurs exactes de *m* dans *Notes et formules de l'ingénieur* par *De Laharpe*).

L est la largeur du déversoir ;

H la hauteur de la lame d'eau mesurée à au moins 1 m du déversoir ;

g l'accélération de la pesanteur, environ 9,81.

Supposons que nous avons un déversoir de 1,75 m de largeur, une hauteur d'eau mesurée de 0,15 m, nous aurons donc :

Quantité d'eau par seconde :

$$0{,}45 \times 1{,}75 \times 0{,}15 \times \sqrt{2 \times 9{,}81 \times 0{,}15}$$

soit 200 l par seconde pour le débit de ce cours d'eau.

Nous donnons ci-dessous une table des vitesses théoriques de l'eau correspondant aux différentes hauteurs de chutes, telles qu'elles résultent de la formule :

$$V = \sqrt{2gh}$$

Le tableau ci-après donne instantanément ce débit ou dépense d'eau.

Exemple. — On a un déversoir dont la largeur L est égale à 3,500 m, l'épaisseur H de la lame d'eau = 0,100.

Nous voyons dans la première colonne en regard de 0,100 m le débit par mètre 56 l. Soit :

$$3{,}500 \text{ m} \times 56 = 196 \text{ l}$$

Pour la mesure de H, on devra attendre que l'eau ait pris son niveau normal et son débit régulier après la confection du barrage tel qu'il est indiqué ci-dessus.

6. - Jaugeage par une vanne verticale (tête d'eau). — Si le cours d'eau est muni d'un barrage avec une vanne, on lèvera la vanne juste assez pour que l'eau de la rivière s'écoule aussi vite qu'elle arrive c'est-à-dire que le niveau de l'eau dans le bief d'amont doit rester constant, le débit de l'ouverture de la vanne étant égal à l'apport d'eau du cours d'eau.

On appliquera alors la formule $Q = mS\sqrt{2gh}$, dans laquelle H sera la hauteur de la tête d'eau prise depuis le milieu de l'ouverture d'écoulement jusqu'au niveau du liquide à l'amont, soit $H = M - h/2$ selon les lettres

Table des vitesses théoriques correspondant à différentes hauteurs de chute : $V = \sqrt{2gh}$.

Hauteurs de chute	Vitesses correspondantes	Hauteurs de chute	Vitesses correspondantes	Hauteurs de chute	Vitesses correspondantes	Hauteurs de chute	Vitesses correspondantes	Hauteurs de chute	Vitesses correspondantes	Hauteurs de chute	Vitesses correspondantes
m.	m.	m.	m.	m.	m.	m.	m.	m.	m.	m.	m.
0,005	0,313	**0,85**	4,083	**2,10**	6,418	**3,70**	8,520	**8,00**	12,528	**35**	26,203
0,01	0,443	**0,90**	4,202	**2,15**	6,494	**3,80**	8,634	**8,25**	12,722	**40**	28,013
0,02	0,626	**0,95**	4,317	**2,20**	6,570	**3,90**	8,747	**8,50**	12,913	**45**	29,712
0,03	0,767	**1,00**	4,429	**2,25**	6,644	**4,00**	8,858	**8,75**	13,102	**50**	31,329
0,04	0,830	**1,05**	4,539	**2,30**	6,717	**4,10**	8,968	**9,00**	13,288	**55**	32,848
0,05	0,990	**1,10**	4,645	**2,35**	6,790	**4,20**	9,077	**9,25**	13,471	**60**	34,308
0,06	1,085	**1,15**	4,750	**2,40**	6,862	**4,30**	9,185	**9,50**	13,652	**65**	35,709
0,07	1,172	**1,20**	4,852	**2,45**	6,933	**4,40**	9,291	**9,75**	13,830	**70**	37,057
0,08	1,253	**1,25**	4,953	**2,50**	7,003	**4,50**	9,396	**10,00**	14,006	**75**	38,358
0,09	1,329	**1,30**	5,050	**2,55**	7,073	**4,60**	9,500	**11,00**	14,690	**80**	39,616
0,10	1,401	**1,35**	5,146	**2,60**	7,142	**4,70**	9,602	**12,00**	15,343	**85**	40,835
0,15	1,715	**1,40**	5,241	**2,65**	7,210	**4,80**	9,704	**13,00**	15,970	**90**	42,019
0,20	1,981	**1,45**	5,333	**2,70**	7,278	**4,90**	9,804	**14,00**	16,572	**95**	43,170
0,25	2,215	**1,50**	5,425	**2,75**	7,345	**5,00**	9,904	**15,00**	17,154	**100**	44,292
0,30	2,426	**1,55**	5,514	**2,80**	7,411	**5,25**	10,149	**16,00**	17,717	**110**	46,454
0,35	2,620	**1,60**	5,603	**2,85**	7,477	**5,50**	10,387	**17,00**	18,257	**120**	48,519
0,40	2,801	**1,65**	5,690	**2,90**	7,543	**5,75**	10,621	**18,00**	18,791	**130**	50,500
0,45	2,911	**1,70**	5,775	**2,95**	8,607	**6,00**	10,849	**19,00**	10,306	**140**	52,407
0,50	3,132	**1,75**	5,859	**3,00**	7,672	**6,25**	11,073	**20,00**	19,808	**150**	54,246
0,55	3,285	**1,80**	5,942	**3,10**	7,798	**6,50**	11,292	**21,00**	20,297	**175**	58,592
0,60	3,431	**1,85**	6,024	**3,20**	7,923	**6,75**	11,507	**22,00**	20,775	**200**	62,638
0,65	3,571	**1,90**	6,105	**3,30**	8,046	**7,00**	11,718	**23,00**	21,242	**225**	66,438
0,70	3,706	**1,95**	6,186	**3,40**	8,167	**7,25**	11,926	**24,00**	21,698	**250**	70,031
0,75	3,836	**2,00**	6,264	**3,50**	8,286	**7,50**	12,130	**25,00**	22,146	**275**	73,450
0,80	3,961	**2,05**	6,341	**3,60**	8,404	**7,75**	12,330	**30,00**	24,260	**300**	76,716

Table des débits en litres par seconde et par mètre de largeur d'un déversoir, selon les différentes valeurs de h, d'après la formule de Poncelet.

h Mètres	Litres par seconde	h Mètres	Litres par seconde	h Mètres	Litres par seconde	h Mètres	Litres par seconde	h Mètres	Litres par seconde	h Mètres	Litres par seconde	h Mètres	Litres par seconde	h Mètres	Litres par seconde
0.010	1.8	0.090	48.6	0.240	208	0.400	448	0.560	742	0.720	1.082	0.880	1.463	1.200	2.329
0.015	3.2	0.095	51	0.250	221	0.410	465	0.570	760	0.730	1.105	0.890	1.488	1.250	2.476
0.020	5	0.100	56	0.260	235	0.420	482	0.580	783	0.740	1.128	0.900	1.513	1.300	2.626
0.025	7.11	0.110	65	0.270	249	0.430	500	0.590	803	0.750	1.151	0.910	1.538	1.350	2.779
0.030	9.3	0.120	74	0.280	263	0.440	517	0.600	823	0.760	1.174	0.920	1.563	1.400	2.935
0.035	11.7	0.130	83	0.290	277	0.450	535	0.610	844	0.770	1.197	0.930	1.589	1.450	3.094
0.040	14	0.140	93	0.300	291	0.460	553	0.620	865	0.780	1.221	0.940	1.615	1.500	3.225
0.045	17	0.150	103	0.310	306	0.470	571	0.630	886	0.790	1.244	0.950	1.641	1.600	3.586
0.050	20	0.160	113	0.320	321	0.480	589	0.640	907	0.800	1.268	0.960	1.667	1.700	3.927
0.055	23	0.170	124	0.330	336	0.490	608	0.650	928	0.810	1.292	0.970	1.693	1.800	4.279
0.060	26	0.180	135	0.340	351	0.500	626	0.660	950	0.820	1.316	0.980	1.719	1.900	4.640
0.065	29	0.190	147	0.350	367	0.510	645	0.670	972	0.830	1.340	0.990	1.745	2.000	5.011
0.070	33	0.200	158	0.360	383	0.520	664	0.680	994	0.840	1.364	1.000	1.772	2.250	5.980
0.075	36.5	0.210	170	0.370	399	0.530	684	0.690	1.015	0.850	1.388	1.050	1.906	2.500	7.004
0.080	40	0.220	183	0.380	415	0.540	703	0.700	1.038	0.860	1.413	1.100	2.044	2.750	8.080
0.085	44	0.230	195	0.390	432	0.550	723	0.710	1.060	0.870	1.438	1.150	2.185	3.000	9.206

sur la figure 45, S étant la surface de l'orifice d'écoulement, c'est-à-dire le produit L par *h*, largeur et hauteur de l'ouverture de la vanne. Dans ce cas, le coefficient *m* doit être pris approximativement de 0,62. (Il varie de 0,61 à 0,69 selon les hauteurs de l'orifice et la charge d'eau.)

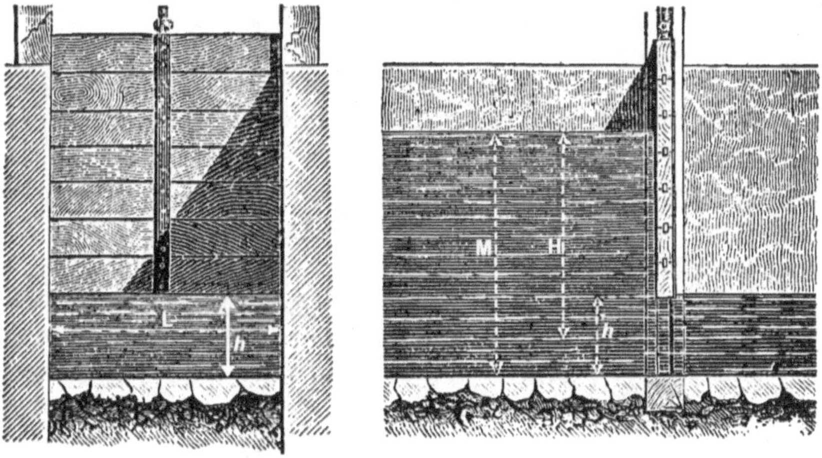

Fig. 45 - Jaugeage par vanne verticale.

Ce qui est dit ci-dessus suppose que l'écoulement de l'eau se fait librement par l'orifice de la vanne, sinon H serait mesurée à la différence des niveaux d'amont et d'aval (on aurait alors un orifice noyé).

Prenons, par exemple, une vanne de largeur L = 1,600 m, levée de 0,40 m, la profondeur totale de l'eau M étant de 2,200 m jusqu'au fond de la vanne. Nous aurons pour H :

$$2{,}200 \text{ m} - (0{,}400 / 2) = 2 \text{ mètres}$$

La formule nous donnera :

$$Q = 0{,}62 \times 1{,}600 \text{ m} \times 0{,}40 \sqrt{2 \times 9{,}81 \times 2}$$

soit 2 508 l par seconde environ.

Ce qui précède montre que la détermination très approximative du débit d'un cours d'eau est chose relativement facile par l'un des procédés pratiques indiqués ci-dessus ; on passera ensuite à l'examen de la manière d'aménager le cours d'eau pour obtenir la plus grande hauteur possible de chute de l'eau.

Tableau pour le calcul du débit

Débits des vannes par ori-

Hauteurs de la charge

Hauteur h de l'Orifice	0.10	0.20	0.30	0.40	0.50	0.60	0.70	0.80	0.90	1.00
0.05	44	62	76	88	98	107	116	124	131	138
0.06	53	75	91	107	117	128	139	148	157	165
0.07	61	86	106	122	136	148	161	172	183	192
0.08	69	98	120	139	155	170	184	196	207	219
0.09	78	109	135	156	174	191	208	220	236	246
0.10	86	122	149	173	193	212	228	246	259	272
0.11	94	133	164	189	212	230	249	267	284	299
0.12	102	145	178	206	230	251	272	291	309	326
0.13	110	157	192	222	249	272	294	314	334	352
0.14	119	168	206	238	267	292	316	338	359	379
0.15	126	179	220	255	285	312	338	361	384	405
0.16	134	190	234	271	304	330	360	385	409	432
0.17	142	201	248	287	322	350	382	414	434	456
0.18	150	213	262	304	340	370	403	432	459	484
0.19	158	223	276	324	358	392	425	454	483	510
0.20	167	235	291	337	377	414	447	485	509	536
0.21	»	247	305	354	396	431	470	512	534	563
0.23	»	271	334	388	434	472	515	550	585	616
0.27	»	318	392	454	509	559	594	645	688	724
0.29	»	340	421	487	549	602	649	693	735	777
0.31	»	364	449	521	583	635	694	741	787	831
0.33	»	388	477	555	622	676	737	789	839	884
0.35	»	415	507	588	659	717	782	837	889	938
0.37	»	436	534	622	696	758	826	885	940	981
0.39	»	462	564	653	734	798	872	933	991	1045
0.41	»	»	591	688	772	840	915	981	1042	1097
0.43	»	»	620	722	809	881	961	1028	1093	1151
0.45	»	»	649	754	847	920	1005	1076	1144	1204
0.47	»	»	677	787	885	961	1050	1124	1194	1257
0.49	»	»	706	820	922	1002	1095	1172	1245	1311
0.50	»	»	733	853	940	1023	1115	1194	1271	1337

Reprenons l'exemple précédent, où L = 1,600 m :

On trouve dans la table en regard de 2 m et dans la colonne correspondante à 0,40 m, le débit de 1 506 l par mètre de largeur, soit :

1 506 × 1.600 = 2 409 l. par seconde.

d'eau par une vanne verticale.

fice d'un mètre de largeur

d'eau H, *en mètres*

1.10	1.20	1.30	1.40	1.50	2.00	2.50	3.00	3.50	4.00	Hauteur h de l'Orifice
145	151	157	162	168	191	214	235	251	268	0.05
175	181	187	194	201	229	257	281	301	321	0.06
201	210	218	226	233	267	299	327	350	374	0.07
229	248	249	258	266	305	341	374	400	427	0.08
257	267	279	289	300	343	382	420	450	481	0.09
285	298	310	321	332	380	424	466	500	533	0.10
314	327	340	353	365	418	466	511	550	587	0.11
341	356	371	384	397	455	507	557	599	640	0.12
368	385	401	416	429	492	549	602	647	693	0.13
396	414	431	446	469	510	590	648	697	745	0.14
424	443	461	477	493	566	631	693	747	799	0.15
452	472	491	509	528	603	673	739	797	852	0.16
478	501	521	540	558	638	715	784	847	905	0.17
506	529	551	571	589	677	757	830	896	948	0.18
534	558	580	601	621	715	799	876	946	1011	0.19
562	586	610	627	654	753	841	922	996	1065	0.20
590	615	640	661	687	790	884	968	1046	1118	0.21
646	674	701	726	757	865	968	1060	1146	1224	0.23
758	791	823	853	883	1016	1136	1245	1345	1437	0.27
815	850	884	916	949	1092	1220	1337	1444	1544	0.29
871	909	945	980	1014	1167	1305	1429	1544	1650	0.31
927	969	1007	1043	1079	1242	1389	1521	1644	1756	0.33
983	1027	1067	1103	1145	1317	1473	1614	1743	1863	0.35
1040	1086	1128	1169	1210	1392	1557	1706	1843	1969	0.37
1096	1145	1250	1232	1276	1468	1641	1798	1943	2076	0.39
1152	1203	1289	1298	1341	1543	1725	1890	2042	2182	0.41
1208	1262	1311	1361	1407	1618	1809	1982	2142	2289	0.43
1265	1321	1372	1424	1472	1694	1894	2075	2241	2394	0.45
1321	1380	1433	1488	1537	1768	1978	2167	2341	2504	0.47
1377	1438	1494	1551	1603	1845	2062	2259	2440	2614	0.49
1405	1468	1525	1583	1635	1882	2104	2305	2490	2669	0.50

(0,40 m n'est pas dans ce tableau, mais il y a 0,39 et 0,41 et nous prenons la moyenne des débits indiqués pour ces deux valeurs de *h*).

Chapitre II

Mesure de la chute et de sa puissance

Détermination de la hauteur utilisable de chute

Il est, dans certains cas, possible de produire la chute d'eau, d'une hauteur suffisante pour fournir la force motrice dont on a besoin, simplement en barrant le cours d'eau à un endroit où il se trouve profondément encaissé entre les berges de terres assez imperméables.

Ce cas est assez rare, car il faut que les berges soient assez hautes pour éviter l'inondation des terrains avoisinants par suite du barrage ; en outre, il est nécessaire que la nature des terres ou roches formant ces berges s'oppose à la filtration de l'eau et à sa déperdition en amont du barrage. Nous avons vu le cas de ruisseaux qui donnaient un bon débit à cours libre et qui, barrés sur 1 m et demi de hauteur, ne donnaient presque plus rien, l'eau se perdant en amont dans des terres d'alluvions très perméables.

On sera donc souvent obligé de déterminer la chute d'eau en faisant un canal de dérivation en amont, qui amènera l'eau dans un endroit favorable à la chute d'où cette eau rejoindra ensuite la rivière en aval.

Il faudra procéder à des opérations de nivellement pour déterminer l'endroit où la prise d'eau sera faite et l'endroit où seront établies la chute et les machines. Ce sont ces opérations de nivellement qui détermineront la hauteur de la chute d'eau.

Nous n'entrerons pas ici dans le détail des procédés employés pour le nivellement et la mesure des hauteurs des terres au moyen du niveau d'eau et de la mire ou encore des cercles trigonométriques. Ce sont des choses connues de tous les géomètres et architectes. Il y a lieu, dans ces travaux, de tenir compte de la topographie des lieux, pour le choix de l'emplacement de la chute, d'après les difficultés que l'on observera pour la construction du barrage ou du canal de dérivation ou canal d'amenée sur lequel nous reviendrons plus loin.

Puissance motrice disponible

La puissance motrice d'une chute d'eau est obtenue théoriquement en multipliant son débit par seconde par la hauteur de chute ; on a ainsi le nombre de kilogrammètres qui, divisé par 75, donne la puissance de la chute en chevaux-vapeur.

Par exemple, une chute d'eau débitant 250 l par seconde sous 4 m de hauteur donnera :

$$(250 \times 4) / 75 = 13{,}33 \text{ chevaux}$$

Cette puissance brute se trouve considérablement réduite par le rendement plus ou moins bon des appareils d'utilisation, rendement qui varie de 0,30 à 0,80 %, selon les machines et selon les conditions dans lesquelles l'installation est faite.

Chapitre III

Aménagement des chutes d'eau

Canal de dérivation ou canal d'amenée

Lorsqu'il ne sera pas possible d'établir un barrage assez élevé dans la rivière même, pour les raisons que nous avons indiquées plus haut, ou bien à cause des exigences de la navigation, on choisira dans le cours d'eau le point le plus élevé possible pour l'origine du canal d'amenée. Le tracé de ce canal devra être fait de façon que sa pente varie entre deux et quatre dixièmes de millimètre par mètre, afin que la vitesse de l'eau y soit suffisante pour éviter les ensablements, mais qu'elle ne soit pas assez grande pour détériorer les berges ou le fond du canal, qui devront être en terre argileuse, aussi imperméables à l'eau que possible.

La section du canal d'amenée doit être suffisante pour que l'eau y circule à la vitesse de 0 m 50 à 0 m 60 par seconde lorsque le canal est à ciel ouvert ; on atteint la vitesse de 1 à 2 m, lorsqu'il s'agit de tuyaux fermés tels qu'on les emploie pour les hautes chutes, la pente de ces tuyaux étant quelquefois considérable, comme nous le verrons plus loin.

Un canal d'amenée ouvert, creusé à même le sol, devra donc suivre à peu près la courbe de niveau horizontale qui passe par son point d'origine dans la rivière, il arrivera ainsi jusqu'à l'emplacement des machines qui sera déterminé selon la topographie du sol et à l'endroit où la chute d'eau sera suffisante ; souvent une partie de ce canal se trouve en aqueduc (fig. 46 et 47).

On voit que la rivière est barrée à la cote de niveau 112,75 et que le canal d'amenée suit la ligne horizontale jusqu'à l'endroit choisi pour

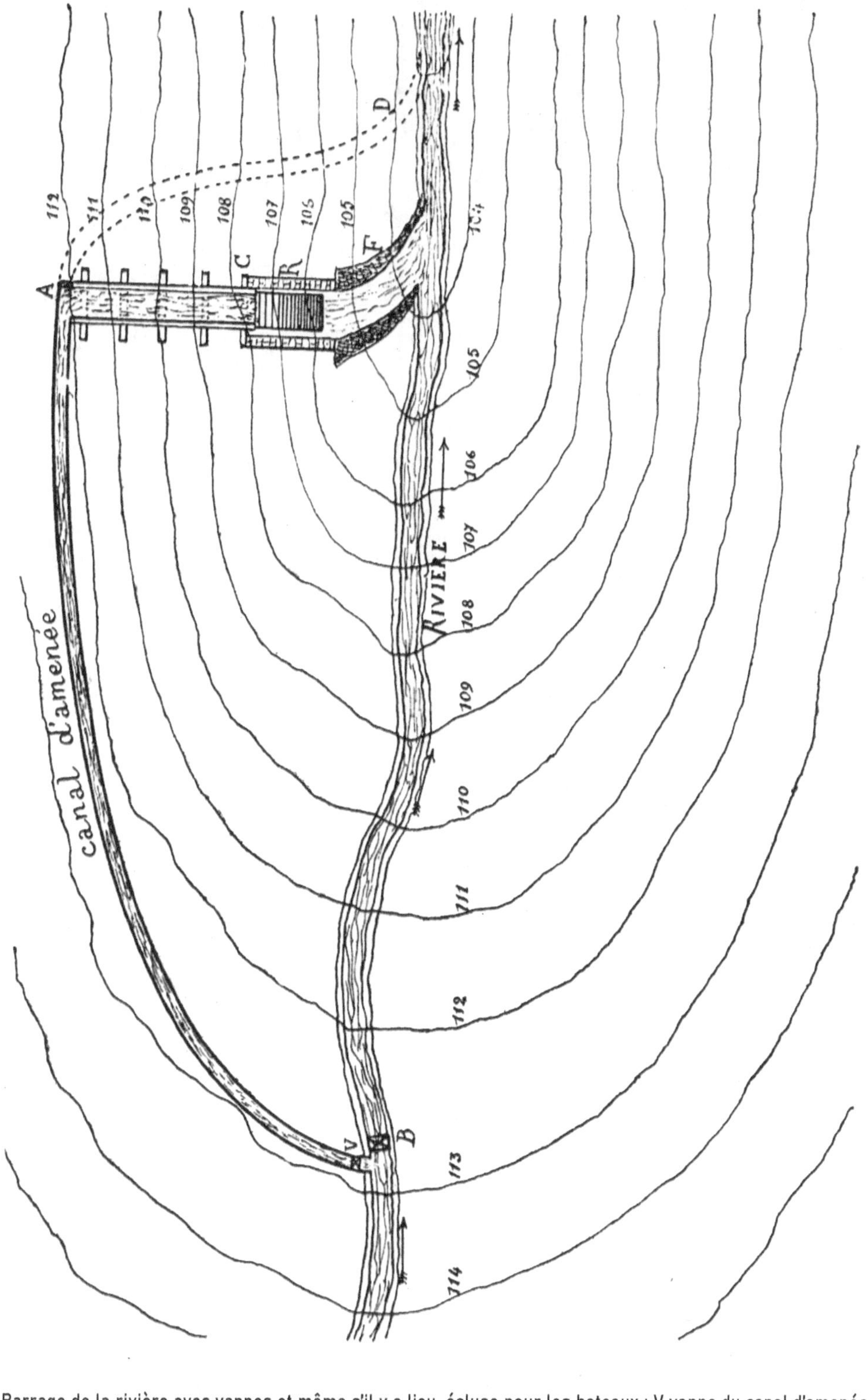

Fig. 46 - Installation d'un moteur hydraulique en dérivation sur une rivière.

B Barrage de la rivière avec vannes et même s'il y a lieu, écluse pour les bateaux ; V vanne du canal d'amenée en dérivation ; AC coulotte en bois ou en maçonnerie, horizontale ou avec pente très faible ; R roue hydraulique ou turbine ; F canal de fuite ; AD canal de décharge (facultatif) avec vanne en A.
Les courbes et les cotes de niveau déterminent la topographie de la vallée de la rivière.

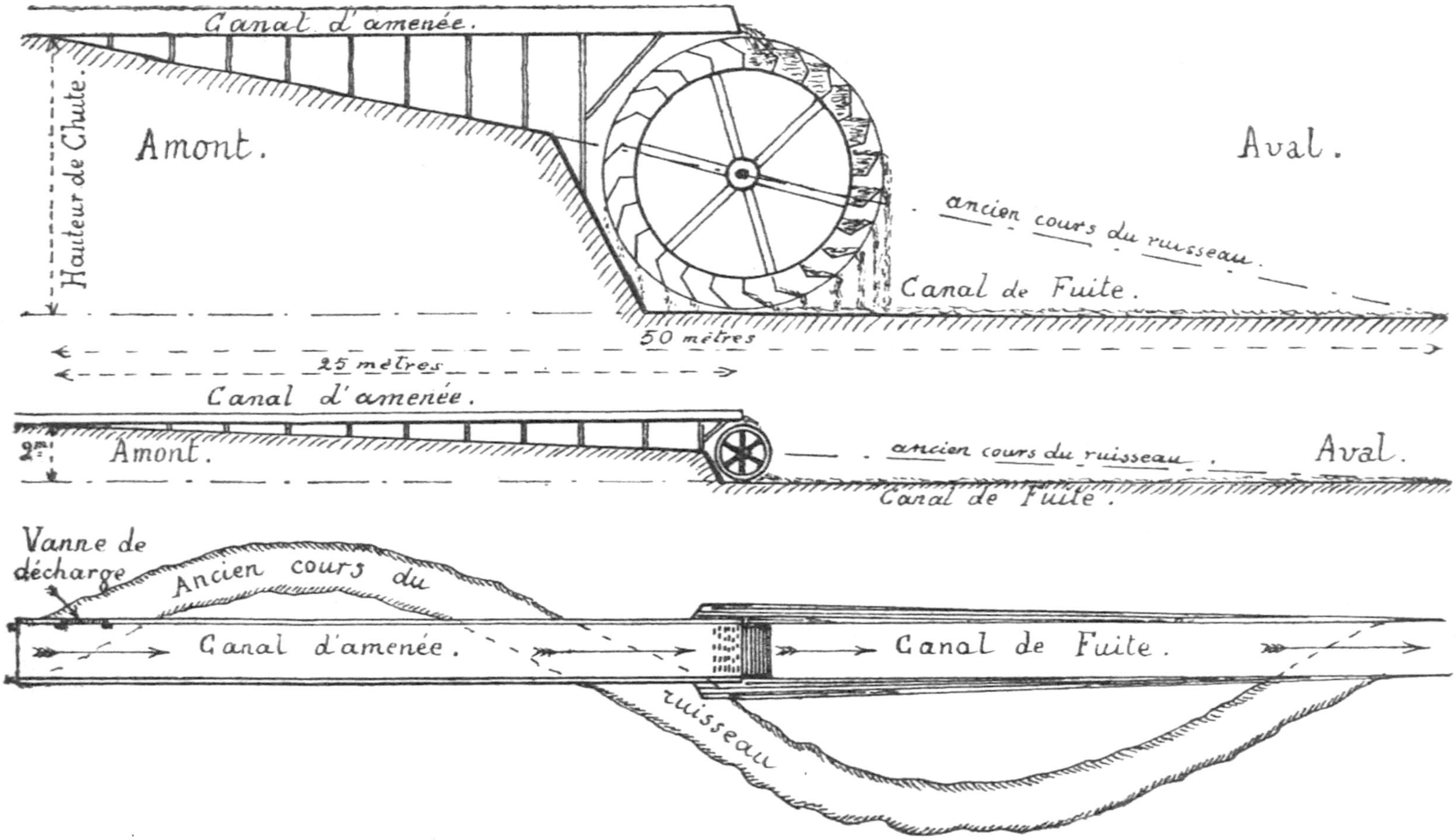

Fig. 47 - Création d'une chute d'eau sur un ruisseau.

établir une coulotte sur échafaudage, comme le montre la figure 47, suivie d'une tranchée profonde dans laquelle se fera une chute d'eau de 8 m ; le canal de fuite F est au fond de cette tranchée, il doit avoir une bonne pente et va rejoindre la rivière au-dessous de la cote de niveau 104. Une vanne A et un canal de décharge D permettent d'assécher le canal d'amenée quand on le désire, pour le nettoyage ou les réparations.

Dans le cas où le canal d'amenée est constitué par une canalisation fermée où l'eau est sous pression, on a une bien plus grande latitude pour le choix de l'emplacement des machines, cela se conçoit facilement.

Canal de fuite

Le canal de fuite F conduit en aval de la rivière l'eau qui a servi à faire tourner les machines ; les règles exposées pour le canal d'amenée lui sont applicables, mais on augmente à volonté la pente.

Les figures 46 et 47 montrent des exemples de dérivation d'un cours d'eau en vue de l'installation d'un moteur hydraulique quelconque.

Canal de décharge

Il importe de pouvoir maintenir constant le niveau de l'eau dans le canal d'amenée ; si ce canal est creusé en dérivation de la rivière, cela est facile au moyen de la manœuvre des vannes qui séparent la rivière du canal d'amenée dérivé ; mais, lorsque les machines sont installées dans le lit même de la rivière, il est indispensable de creuser un canal de décharge qui relie, par un large vannage, le bief d'amont au bief d'aval ou au canal de fuite. Ce canal de décharge a, aussi bien, son utilité relative, dans le cas d'un canal d'amenée en dérivation, pour les assèchements et réparations aux machines.

Par la manœuvre convenable des vannes interposées entre le bief d'amont et le canal de décharge, on pourra se débarrasser de l'excès d'eau pendant les crues de la rivière, ou mettre complètement à sec les chambres d'eau des turbines ou les maçonneries qui supportent les roues hydrauliques pour l'entretien et la réparation de ces constructions et des machines.

Le canal de décharge présente souvent une pente rapide ; son fond et ses berges devront donc être protégés par des enrochements ou *perrés* en pierres convenablement disposées pour éviter l'entraînement des terres par l'eau.

Chambres d'eau

Dans le cas des basses chutes (moins de 6 m) on emploie des turbines à axe vertical placées sur le plancher d'une chambre en maçonnerie dans laquelle l'eau atteint le même niveau que celui du canal d'amenée, lequel doit être pourvu des sabliers et des grillages dont nous parlerons à propos des vannes, figure 53.

Pour les très basses chutes (moins de 3 m), on constitue quelquefois la chambre d'eau par deux murs parallèles, à distance suffisante pour recevoir la turbine, et la chambre est fermée, du côté d'aval par un barrage en madriers jointifs encastrés à chaque bout dans des rainures réservées dans les murs latéraux ; mais le mieux est de faire les chambres d'eau entièrement en béton armé ; on peut leur donner une forme cylindrique, ce qui permet de diminuer considérablement leurs épaisseurs de parois ; on les construit aussi en tôle ou même en bois cerclé de fer, comme une grande cuve. Le plancher destiné à recevoir la turbine se fait en solives de fer à I et voûtains en briques avec, au milieu, l'ouverture circulaire du diamètre de l'orifice de décharge de la turbine ; dans le cas de grandes portées, on soutient ce plancher en dessous par des piles en maçonnerie ou des colonnes en fonte reposant sur le fond du canal de fuite.

La construction des chambres d'eau en maçonnerie étant toujours très onéreuse, on a généralement avantage à installer la turbine en bâche en tôle sur des murettes construites sur le fond du canal de fuite (voir le chapitre *Turbines*) figures 89 à 95, 101 à 113.

Tuyauterie des turbines en bâche et hautes chutes

Lorsque la turbine est disposée en bâche, l'eau y est amenée par une tuyauterie qui peut être établie en bois, en tôle, en ciment ou en fonte.

Les préférences actuelles se portent sur les tuyauteries en tôle ou en ciment ; les premières donnent des avantages tant au point de vue de la résistance que du poids et du prix ; les tuyaux bois et ciment nécessitent toujours un raccord en tôle avec la bâche de la turbine ; ceux en bois ne peuvent convenir qu'à de très faibles pressions.

La section des tuyaux d'amenée d'eau doit être la plus grande possible, et leurs parois intérieures très lisses, pour permettre la conservation de la chute effective et réduire la vitesse de l'eau qui doit s'y mouvoir lentement jusqu'au bas de la conduite, car la chute est diminuée d'une hauteur égale à la pression nécessaire pour compenser le frottement contre les parois et produire le déplacement de la masse liquide dans toute sa longueur ; ce frottement est d'autant moindre que la vitesse est réduite. (Voir tableau ci-après des pertes de charge dans les conduites.)

Cependant, lorsque l'eau est en abondance, on peut, par mesure d'économie, réduire le diamètre des tuyaux et admettre une perte de charge plus grande que si l'on voulait utiliser toute la chute mais, dans les installations courantes, nous ne conseillons pas de dépasser une vitesse supérieure à 1 m 500 à la seconde.

Pertes de charge, vitesse de l'eau, débit et poids des conduites en tôle,

Les coudes et surtout la nature des parois peuvent augmenter considérablement la perte de charge (un coude arrondi = 5 m de tuyau droit).

Le tableau ci-contre donne des renseignements utiles à ce sujet ; nous conseillons, toutefois, d'augmenter un peu ces chiffres, en raison de la perte supplémentaire qui peut se produire dans des tuyaux en service.

Calcul des conduites forcées

Une tuyauterie de turbine doit résister aux efforts résultant :

1°. de la pression intérieure ;
2°. du vide qui peut se produire intérieurement ;
3°. de la flexion latérale des parois, à craindre seulement dans les conduites de très grands diamètres ;
4°. de la flexion longitudinale ;
5°. des variations de température, dilatation et contraction.

On calcule d'abord l'épaisseur pour résister à la pression intérieure, puis on vérifie si cette épaisseur suffit pour résister aux autres causes.

Voici, d'après la *Société dauphinoise d'Études et de Montage*, comment il faut procéder :

La pression intérieure P se compose de la pression statique H augmentée de la surpression maximum B, au même point, provenant du fonctionnement des turbines et de leurs organes.

$$P = H + B = 1{,}25\,H$$

H se détermine en mètres d'eau au-dessus du point considéré.

L'épaisseur correspondante est donnée par la formule :

$$e = PD / 2kR$$

dans laquelle :

Pertes de charge, vitesse de l'eau, débit et poids des conduites en tôle.

Diamètre intérieur des tuyaux	VITESSE DE L'EAU A LA SECONDE												POIDS approximatif par mètre — ÉPAISSEUR de la tôle.		
	0,800		1.000		1,250		1,500		1,750		2,000				
	Débit en litres	Perte de charge	Débit en litres	Perte de charge	Débit en litres	Perte de charge	Débit en litres	Perte de charge	Débit en litres	Perte de charge	Débit en litres	Perte de charge	4 m/m	5 m/m	6 m/m
m.		m.		m.		m.		m.		m.		m.	k.	k.	k.
0,200	25	0,00724	31	0,01114	39	0,01763	47	0,01560	55	0,03505	62	0,04455	25	31	37
0,250	39	0,00564	49	0,00890	61	0,01380	73	0,01977	85	0,02680	98	0,03646	32	40	48
0,300	56	0,00460	70	0,00719	88	0,01136	106	0,01649	123	0,02221	141	0,02918	40	47	57
0,350	77	0,00397	96	0,00617	120	0,00965	144	0,01339	168	0,01891	192	0,02470	46	56	66
0,400	100	0,00340	125	0,00532	157	0,00840	198	0,01204	219	0,01634	251	0,02147	50	60	75
0,450	127	0,00302	159	0,00474	198	0,00735	238	0,01062	278	0,01449	318	0,01897	55	70	85
0,500	157	0,00271	196	0,00423	245	0,00662	294	0,00953	343	0,01297	392	0,01694	65	80	95
0,550	190	0,00246	237	0,00388	296	0,00588	356	0,00865	415	0,01176	475	0,01541	70	85	105
0,600	226	0,00224	282	0,00349	353	0,00548	424	0,00790	494	0,01073	565	0,01403	80	95	115
0,650	266	0,00207	332	0,00323	415	0,00504	497	0,00723	580	0,00985	663	0,01287	85	105	125
0,700	308	0,00191	385	0,00299	481	0,00467	577	0,00673	672	0,00913	770	0,01198	95	115	135
0,750	354	0,00178	442	0,00278	552	0,00434	662	0,00624	773	0,00850	883	0,01110	100	120	145
0,800	402	0,00167	502	0,00260	628	0,00407	753	0,00586	879	0,00798	1005	0,01044	105	130	155
0,850	454	0,00157	567	0,00245	709	0,00383	850	0,00550	991	0,00748	1135	0,00981	110	135	160
0,900	509	0,00148	636	0,00231	795	0,00361	954	0,00520	1113	0,00708	1272	0,00924	120	145	170
0,950	567	0,00140	708	0,00218	885	0,00341	1062	0,00491	1240	0,00670	1417	0,00875	125	150	180
1,000	628	0,00132	785	0,00207	981	0,00324	1177	0,00466	1374	0,00635	1570	0,00829	130	160	190
1,050	693	0,00126	866	0,00197	1082	0,00309	1298	0,00444	1514	0,00605	1731	0,00791	140	170	200
1,100	760	0,00120	950	0,00188	1187	0,00294	1425	0,00424	1663	0,00578	1900	0,00754	145	180	205
1,150	830	0,00115	1038	0,00179	1297	0,00280	1557	0,00404	1816	0,00550	2077	0,00720	150	190	215
1,200	905	0,00110	1131	0,00172	1414	0,00269	1696	0,00387	1980	0,00528	2262	0,00689	155	200	225
1,300	1062	0,00101	1327	0,00159	1658	0,00248	1990	0,00357	2321	0,00486	2654	0,00635	175	215	255
1,400	1231	0,00094	1539	0,00147	1924	0,00230	2309	0,00331	2693	0,00451	3078	0,00589	190	230	275
1,500	1414	0,00088	1767	0,00137	2208	0,00214	2650	0,00309	3092	0,00420	3534	0,00549	205	250	290
1,600	1608	0,00082	2010	0,00128	2513	0,00200	3015	0,00289	3518	0,00393	4021	0,00514	215	260	310
1,700	1816	0,00076	2270	0,00121	2837	0,00189	3405	0,00272	3972	0,00370	4540	0,00484	225	270	320
1,800	2036	0,00073	2545	0,00114	3180	0,00178	3817	0,00257	4453	0,00349	5089	0,00456	235	290	340

P = pression intérieure ci-dessus, en mètres d'eau ;
D = diamètre intérieur en mètres (pour les tuyaux rivés composés de viroles successives, on prend le diamètre de la plus grande virole) ;
R = résistance pratique admise pour le métal, en kgr. par mm^2 ; maximum 8 kgr. admis par la Société *Hydro-Technique de France.*
k = coefficient variable avec la nature des tuyaux : c'est le rapport entre la section nette (trous déduits) et la section brute de la tôle ; le tableau ci-après donne les valeurs de *k* selon les diamètres des tuyaux.

	VALEURS DE *k*		
Épaisseur des tôles en millim.	Tuyaux rivés à clins, simple ou double rivure	Rivure spéciale à 4 rangs de rivets en quinconce	Tuyaux soudés à la soudure autogène
—	—	—	—
4 à 7	0,75	0,875	1,00
8 à 10	0,735	»	»
11	0,725	»	»
12 et 13	0,71	»	»
14 et 15	0,70	»	»
16 et 17	0,685	»	»
18	0,675	»	»
19 et 20	0,66	»	»
21 et 22	0,65	»	»
23 et au-dessus..	0,64	».	»

La *Société Dauphinoise* a établi des abaques donnant le calcul de ces trois sortes de tuyaux pour pressions jusqu'à 1 500 m d'eau (voir sa notice 1927) ; nous les reproduisons ci-après avec son autorisation.

L'épaisseur résistant au vide est calculée d'après la formule d'Alliési, mais il suffit de multiplier par 8 le diamètre en mètres du tuyau pour obtenir l'épaisseur en millimètres capable de résister au vide intérieur ; par exemple, une conduite de 1 m 55 devra avoir une épaisseur de 1,55 × 8 = 12,4, soit 13 mm ; si cette épaisseur est supérieure à celle trouvée pour la pression intérieure, il faudra renforcer le tuyau par des cercles rivés extérieurement ou adopter l'épaisseur trouvée pour résister au vide intérieur.

Tuyaux rivés à clouures ordinaires

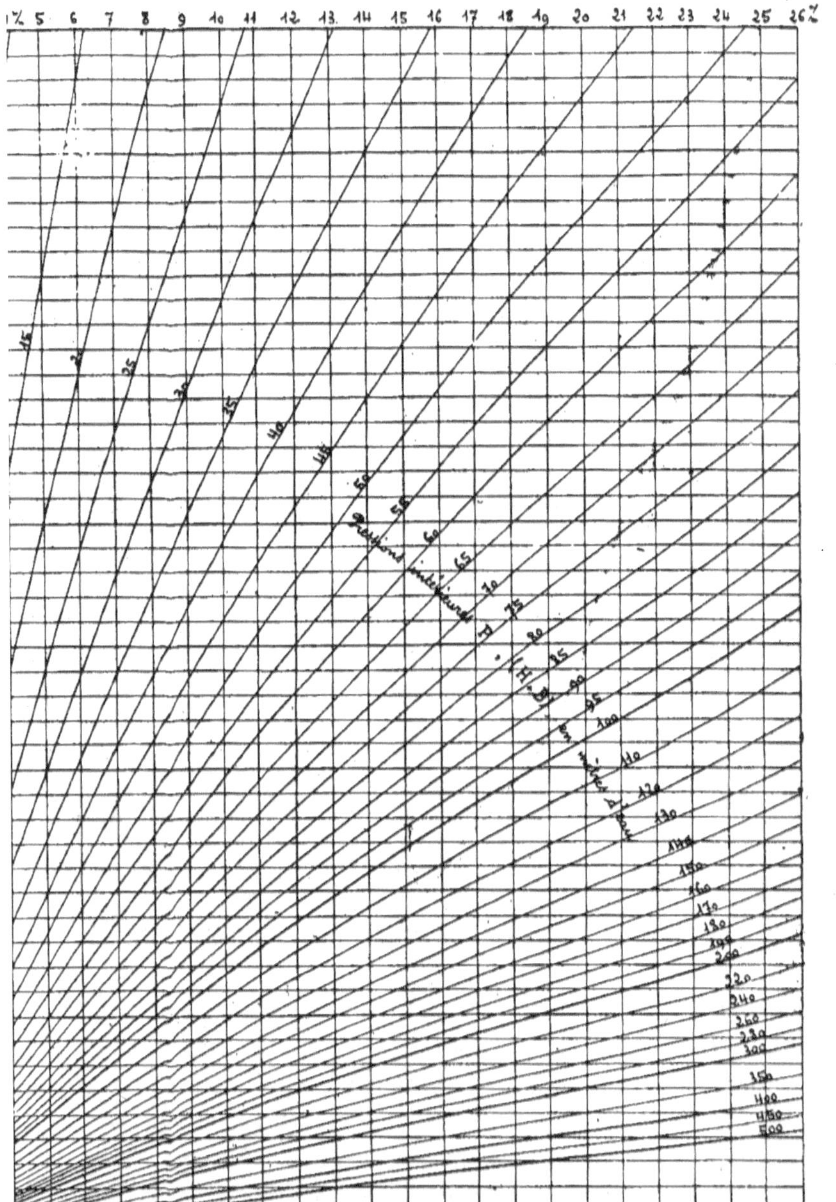

Tuyaux rivés à clouure spéciale

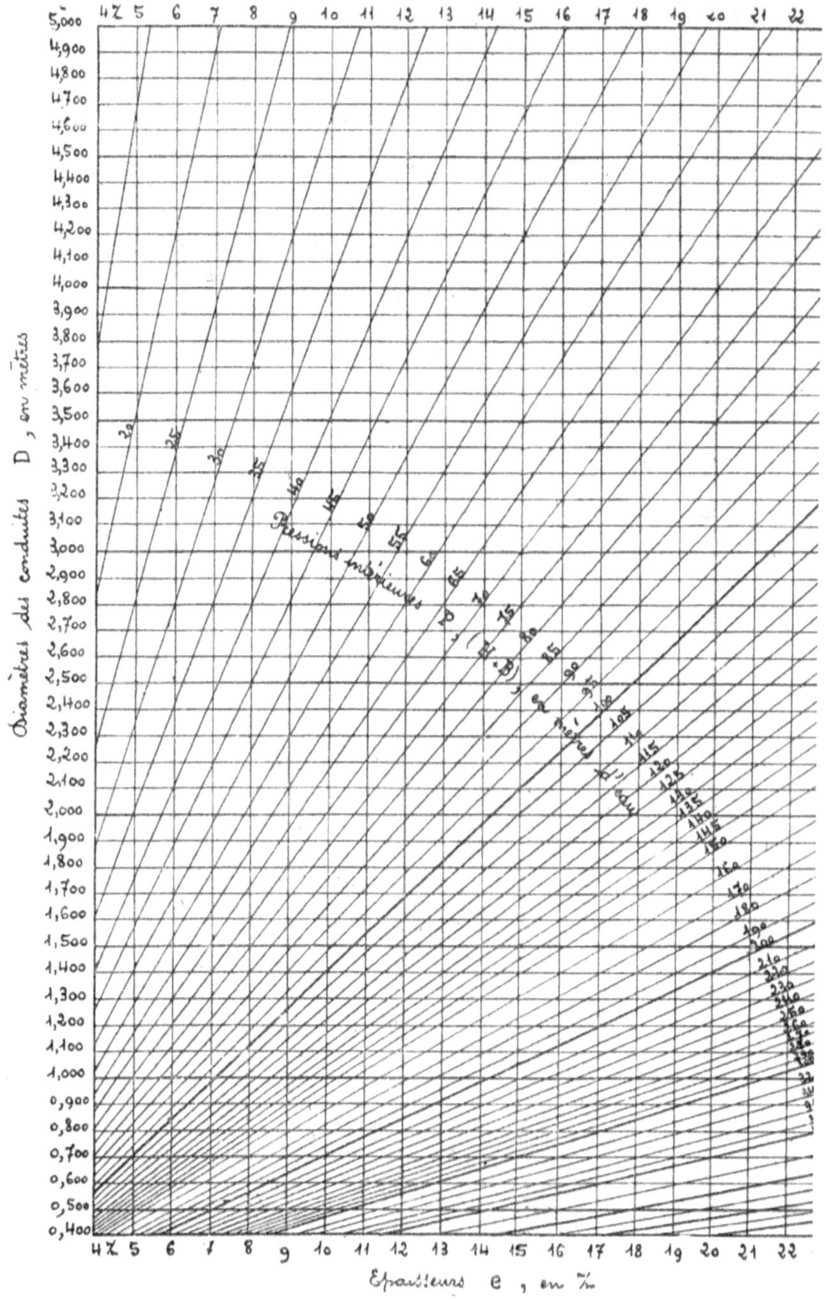

Tuyaux soudés au gaz à l'eau

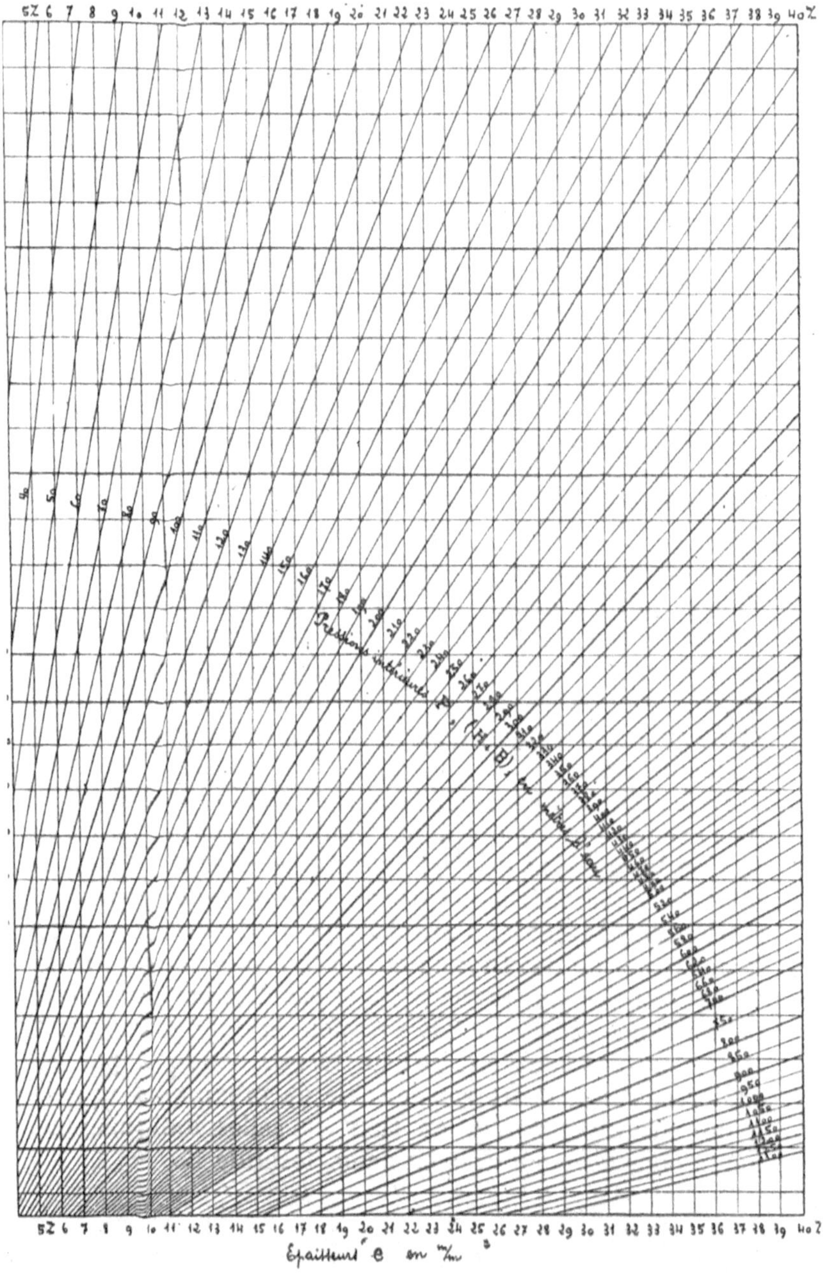

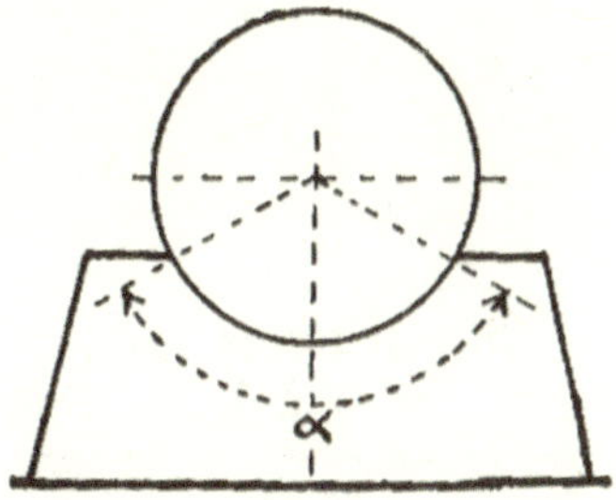

Fig. 48 - Support de conduite forcée.

La flexion latérale ou aplatissement du tuyau est évitée en employant des appuis sur fondation circulaire, fig. 48, dans lesquels l'angle α est pris de :

120° pour D < 3 m ;

180° pour D = 3 à 4 m ;

210° pour D = 4 à 5 m

Pour les conduites très épaisses on peut réduire considérablement ces valeurs et même faire reposer le tuyau sur une fondation plane.

Le tableau ci-contre indique les dispositions à adopter selon les diamètres et les épaisseurs.

Conduites forcées en ciment armé

Ainsi que nous l'avons dit, *Volume II*, pages 221 et suivantes, ces tuyaux doivent être calculés en considérant que l'armature d'acier résiste seule à la pression intérieure : la somme des sections des armatures circulaires devra donc être égale à la section de la paroi d'un tuyau en tôle du même diamètre.

Le béton résistant bien à la compression et à l'action de l'atmosphère, il n'y a pas lieu de s'occuper ici de la flexion latérale, ni de l'effort du vide intérieur, ni de la dilatation par la température mais il faut prévoir la flexion longitudinale, d'autant plus qu'il est admis, dans la construction des tuyaux en béton armé, que les armatures selon les génératrices n'ont pas d'importance pour la résistance du tuyau à la pression.

Si donc la canalisation n'est pas soutenue sur un terrain solide ni par un radier continu, il est raisonnable de prévoir les appuis à des distances égales au tiers de celles indiquées ci-après pour les conduites en acier, formule E.

D'après tout ceci, on voit que le prix de revient d'une conduite en béton pour eau forcée sera considérablement supérieur à celui d'une conduite en acier non enrobé, mais les dépenses d'entretien seront nulles et la durée certainement beaucoup plus longue.

Épaisseurs des tuyaux en tôle d'acier et genre de fondation à faire selon cette épaisseur, figure 48.

DIAMÈTRE INTÉRIEUR en mètres	FONDATION PLANE $\alpha = 0$	FONDATION CIRCULAIRE $\alpha = 120^\circ$	$\alpha = 180^\circ$	$\alpha = 210^\circ$	ÉPAISSEUR MINIMA pratiquement adoptée
	mm.	mm.	mm.	mm.	mm.
0,600	4	2	1		4
0,700	5	2	1		5
0,800	6	3	1		5
0,900	7	3	1		5
1,000	8	4	2		5
1,100	9	4	2		6
1,200	10	5	3		6
1,300	12	5	3		6
1,400	14	6	3	2	6
1,500	16	7	3	2	7
1,600	18	7	4	3	7
1,700	20	8	4	3	7
1,800	22	9	4	3	7
1,900	24	9	4	3	8
2,000	26	10	5	3	8
2,200	30	12	5	4	8
2,400	34	13	6	4	9
2,600	38	15	7	5	9
2,800		17	8	5	10
3,000		19	8	6	10
3,200		21	9	6	10
3,400		23	10	7	10
3,600		25	12	8	10
3,800		27	12	8	10
4,000		29	13	9	10
4,200		32	14	10	11
4,400		34	15	11	11
4,600		36	16	11	12
4,800		39	17	12	12
5,000		41	18	12	12

Écartement des appuis, figure 48

L'effort de flexion dans le sens de la longueur de la canalisation est d'autant plus grand que la distance est plus grande entre les appuis ; cet effort s'ajoute à l'effort de la pression dans le sens de l'axe du tuyau, il convient donc de le prendre peu important.

D'après la *Société Dauphinoise*, l'écartement entre les appuis d'une conduite forcée en acier doit être calculé par la formule :

$$L = \sqrt{12{,}5\ R\ \frac{(D + 2e)^4 - D^4}{D(D + 2e)(D + 32e)}}$$

dans laquelle R est le taux du travail à la flexion au point le plus fatigué, en kilogrammes par millimètre carré, que l'on fait R = 1 kgr. D est le diamètre intérieur en centimètres, *e* l'épaisseur en centimètres.

Si l'on veut obtenir la portée L' pour un taux de travail R' du métal, il suffit de multiplier le résultat donné par la formule ci-dessus par $\sqrt{R'}$.

Les efforts dus à la dilatation ou à la contraction par variation de température ne sont pas à considérer quand la conduite est en service, car l'eau est sensiblement toujours à la même température ; on doit seulement, quand on fait les raccordements au montage, opérer à une température aussi voisine que possible de celle de l'eau qui doit remplir la conduite. En Suisse, on prévoit des *joints de dilatation* à glissement et presse-étoupe ; en France on s'arrange pour disposer certains coudes libres entre les massifs d'ancrage, ce qui n'est pas toujours possible.

L'effort F dû aux variations de température est donné par l'expression $F = E\alpha tS$, dans laquelle :

- F est l'effort total en kilogrammes appliqué sur la section de la conduite par millimètre carré.
- E, le coefficient d'élasticité = 20 000 kgr. pour l'acier ;
- α, le coefficient de dilatation = 0,0000116 pour l'acier ;
- *t*, l'écart maximum de température en plus ou en moins avec la température à laquelle est fait le raccordement : pour *t* en plus on a une compression et pour *t* en moins on a une traction.
- S, la section transversale du métal en millimètres carrés.

Pratiquement, on prend $t = \pm 30°$, alors, le facteur $E\alpha t$ = 6 kgr. 950.

Si l'effort F n'excède pas 14 kgr., le travail est bon, sinon il faut modifier en conséquence la position des massifs d'ancrage.

Construction des conduites forcées

La figure 49 montre le principe d'établissement d'une conduite forcée : le canal d'amenée *a* déverse l'eau dans la chambre de mise en charge *c* munie d'une grille *g* pour arrêter les corps étrangers et d'un sablier.

Au départ, la conduite est pourvue d'une vanne d'arrêt *v* qui est immédiatement suivie d'une ventouse ou d'une cheminée d'air *r* destinée à laisser entrer librement l'air dans la conduite quand on vide celle-ci. La cheminée d'équilibre *e* placée à une certaine distance, est destinée à empêcher les coups de bélier pouvant provenir d'un arrêt dans le mouvement de l'eau ou de variations de pressions dues au fonctionnement des turbines. Les cheminées *c* et *r* montent jusqu'au-dessus du niveau de l'eau en *c*.

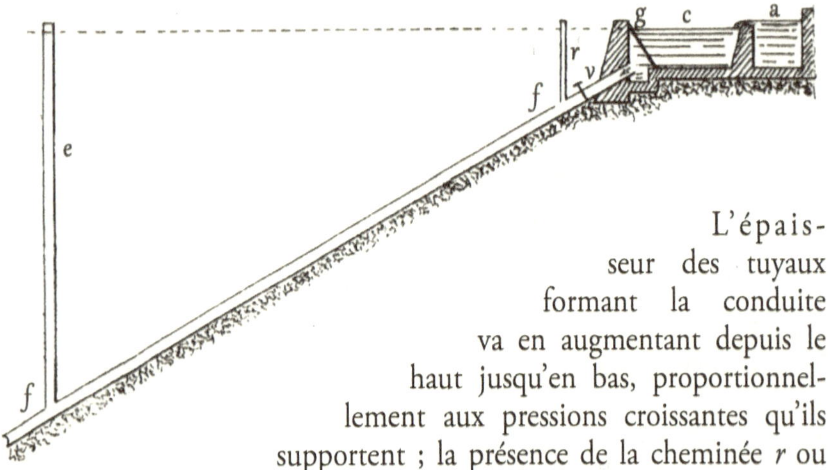

Fig. 49 - Schéma de conduite forcée.

L'épaisseur des tuyaux formant la conduite va en augmentant depuis le haut jusqu'en bas, proportionnellement aux pressions croissantes qu'ils supportent ; la présence de la cheminée *r* ou d'une ventouse très sûre est donc absolument nécessaire pour empêcher l'aplatissement des tuyaux minces, formant le haut de la conduite, sous le vide que produit la vidange de celle-ci.

Accessoires des conduites forcées

Nous donnons pour mémoire la liste et l'objet des accessoires nécessaires à la sécurité d'une conduite d'eau à haute pression :

1°. Vannes en tête des conduites.

2°. Robinets-vannes, vannes à papillon, robinets à pointeaux ou à cylindre équilibré pour l'admission aux machines.

3°. Obturateurs pour isoler les conduites au départ d'un collecteur.
4°. Tubes de Venturi pour la mesure de la pression et du débit d'eau.
5°. Ventouses et reniflards pour évacuer l'air de la conduite au moment du remplissage et assurer la rentrée de l'air au moment de la vidange (éviter le vide intérieur).
6°. Siphons automatiques d'arrêt de débit en cas d'exagération de dépense d'eau.
7°. Vannes automatiques d'arrêt de débit.
8°. Détendeurs de pression pour l'alimentation à basse pression des services divers de l'usine.
9°. Manomètres enregistreurs.
10°. Cheminées d'équilibre contre les coups de bélier.
11°. Vannes compensatrices contre les coups de bélier.
12°. Trous d'homme pour visiter les tuyaux.

Voir figures 50 et 51.

Á consulter :

- **Conduites forcées**, 1927, par Société Dauphinoise d'études et montages, Grenoble.
- **Conduites sous pression**, par Établissements Bouchayer et Viallet, Grenoble.

Bâtardeaux

L'exécution des murs des chambres d'eau, des murs d'appui des vannes, des barrages et autres travaux nécessaires à l'installation des moteurs hydrauliques, nécessite généralement l'assèchement du cours d'eau dans la partie où ces travaux doivent être faits. Cet assèchement peut être obtenu par une dérivation provisoire du cours des eaux par le

Légende de la figure 50.

FIG. 50. – Canalisations pour chutes d'eau.

1 Tuyaux rivés à clins, un rang de rivets ; 2 tuyaux rivés à clins, deux rangs de rivets ; 3 tuyaux à rivures spéciales brevetées (Société Dauphinoise) ; 4 tuyaux multiondes frettés brevetés (Société Dauphinoise) ; 5 détails du tuyau multiondes fretté ; 6 tuyau soudé longitudinalement ; 7 rivure simple matée ; 8 rivure double à recouvrement ; 9 rivure à couvre-joint ou virole ; 10 à 14 diverses manières de souder les tuyaux ; 15 joint à cornières rivées ; 16 joint en cornières soudées ; 17 joint pour très haute pression, brides rivées ; 18 joint pour très haute pression, brides soudées ; 19 joint élastique ou de dilatation ; 20 double joint élastique.

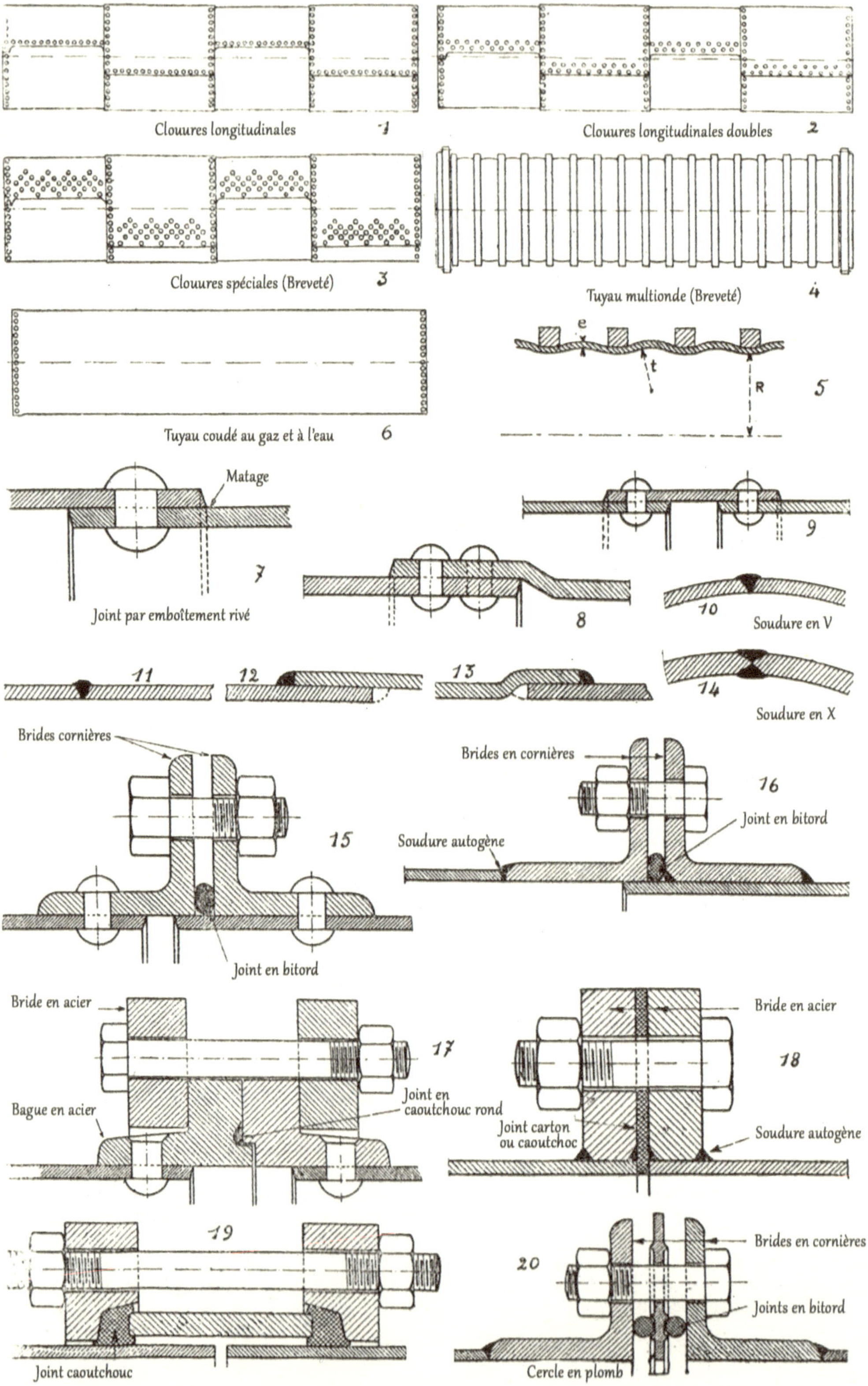
Clouures longitudinales
1
Clouures longitudinales doubles
2
Clouures spéciales (Breveté)
3
Tuyau multionde (Breveté)
4
e
t
R
5
Tuyau coudé au gaz et à l'eau
6
Matage
7
Joint par emboîtement rivé
8
9
10
Soudure en V
11
12
13
14
Soudure en X
Brides cornières
15
Joint en bitord
Brides en cornières
16
Soudure autogène
Joint en bitord
Bride en acier
17
Bague en acier
Joint en caoutchouc rond
Bride en acier
18
Joint carton ou caoutchoc
Soudure autogène
19
Joint caoutchouc
20
Brides en cornières
Joints en bitord
Cercle en plomb

Fig. 50.

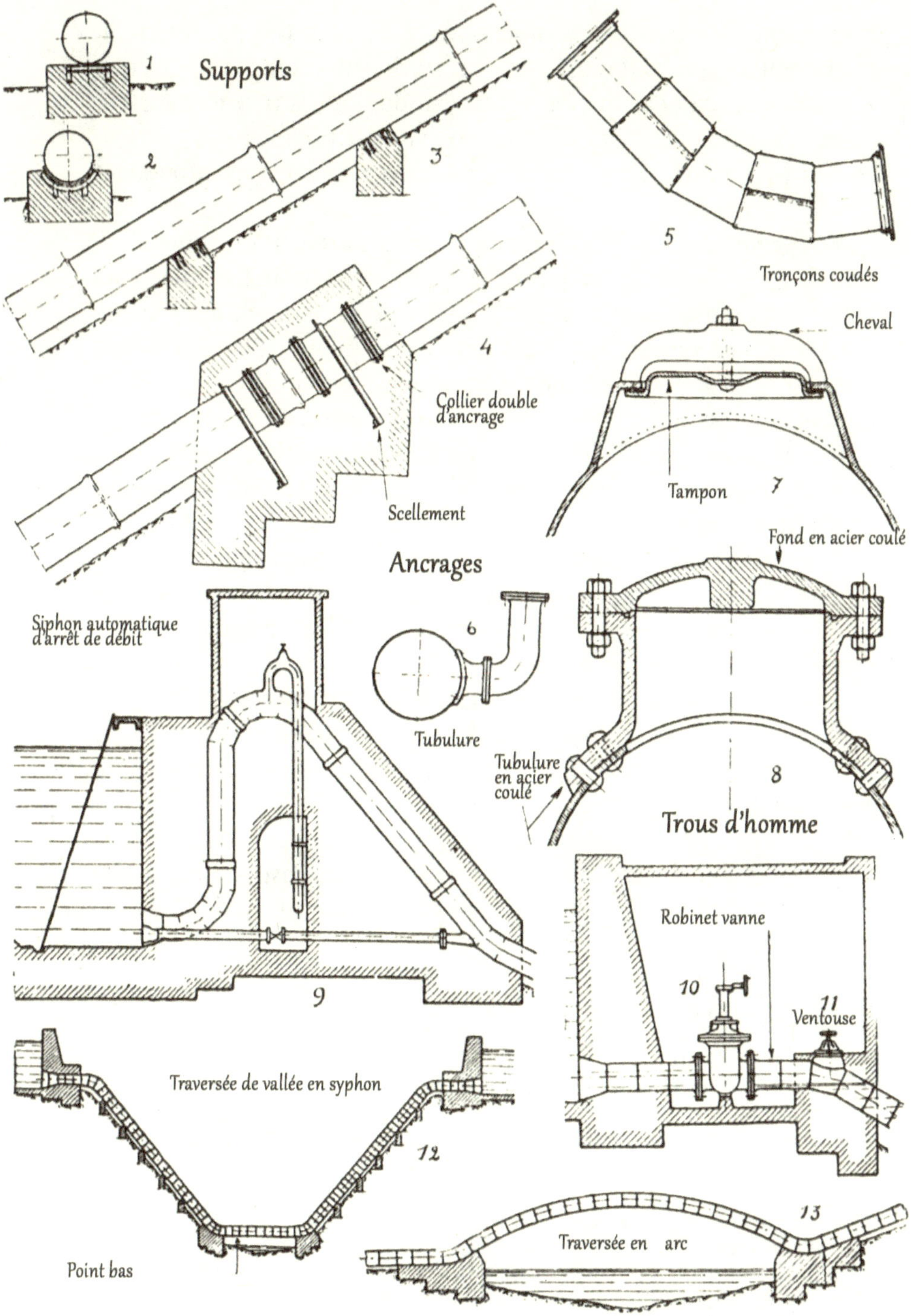

1
Supports
2
3
5
Tronçons coudés
4
Cheval
Collier double d'ancrage
Tampon
7
Scellement
Fond en acier coulé
Ancrages
Siphon automatique d'arrêt de débit
6
Tubulure
Tubulure en acier coulé
8
Trous d'homme
Robinet vanne
9
10
11
Ventouse
Traversée de vallée en syphon
12
13
Traversée en arc
Point bas

Fig. 51.

creusement d'un canal qui contourne d'amont en aval la portion du lit où doivent se faire les travaux ; on peut aussi, dans certains cas, exécuter la maçonnerie en deux fois dans la largeur du lit de la rivière en forçant ses eaux à passer dans la moitié du lit où l'on ne travaille pas.

Ces opérations nécessitent la construction de barrages provisoires appelés bâtardeaux.

Pour construire un bâtardeau, on enfonce dans le lit du cours d'eau deux rangées de pieux ou pilotis en bois, soit à la masse quand les pieux sont de petit diamètre, soit au moyen d'un mouton ou sonnette mû à bras ou à vapeur, quand il s'agit de gros pilotis destinés à retenir une grande élévation de liquide. Ces pieux sont enfoncés à 0 m 50 de distance les uns des autres, les deux rangées étant distantes, selon la charge d'eau à arrêter, de 0 m 75 à 1 m 50 ou même davantage quand il s'agit de charges d'eau importantes. On peut les réunir par une traverse en madriers boulonnés contre chaque pieu.

Contre ces pieux on installe des cloisons ou pal-planches, en planches ou en madriers sur champ et on remplit l'intérieur du bâtardeau avec de la terre argileuse que l'on comprime le plus possible de manière à arrêter complètement le passage de l'eau.

Quand il ne s'agit que de retenir une hauteur d'eau assez faible, 1 m par exemple, le bâtardeau peut n'être formé que d'une seule rangée de pieux garnis de planches, en amont desquelles on amasse une quantité suffisante de terre argileuse.

C'est à l'abri du bâtardeau ou barrage provisoire que seront exécutés tous les travaux d'installation ; le bâtardeau sera ensuite démoli par arrachage des pieux et dragage des terres qui le garnissent.

Barrages

Les barrages établis soit dans le lit d'un cours d'eau pour y créer une chute, soit pour faciliter l'alimentation d'un canal de dérivation, se font en terre, en bois, en maçonnerie ou en béton de ciment armé ; on doit

Légende de la figure 51.

FIG. 51. – Canalisations pour chutes d'eau.

1 à 3 Supports de tuyaux ; 4 ancrage en maçonnerie avec scellements ; 5 manière de faire les coudes par rivure ou soudure de tronçons droits ; 6 tubulure en dérivation ; 7 et 8 tampons ou trous d'homme ; 9 siphon d'arrêt automatique breveté (Bouchayer et Viallet) ; 10 et 11 départ de conduite avec robinet-vanne et ventouse ; 12 traversée d'une vallée en siphon ; 13 traversée d'une rivière en arc.

les munir de vannes ou écluses pour permettre le passage des bateaux ou bien l'écoulement rapide des eaux en cas de crue, ces vannes de décharge étant indépendantes des vannes de service des machines hydrauliques.

On constitue quelquefois les barrages de grande longueur par des ouvrages en fer appelés barrages à aiguilles ou barrages à hausses mobiles qui permettent de dégager complètement le cours d'eau en cas de forte crue (Barrages de Suresnes).

Souvent les barrages permettent de constituer en amont une assez grande réserve d'eau ; ceci est intéressant lorsqu'on n'a qu'un trop faible débit d'eau ; on fait alors marcher les machines par intermittence.

Les dimensions à donner aux barrages en raison de la charge d'eau qu'ils ont à supporter doivent être calculées par un ingénieur compétent, surtout quand il s'agit d'ouvrages considérables. Nous ne pourrons donner ici que des indications très approximatives sur les épaisseurs à donner aux barrages de divers matériaux selon la hauteur du liquide qui les charge.

Les barrages doivent être établis sur un fond de roche ou, tout au moins, de sol non ébouleux ni glissant. Il y a, en effet, à redouter que la pression de l'eau ne détermine un glissement des terrains au-dessous du fond de la rivière, auquel cas le barrage serait entraîné par les eaux. Dans nombre de cas semblables, on a dû fonder un mur en pierres et ciment dans les terrains formant le fond de la rivière pour éviter toute chance d'affouillement des eaux et de glissement successif de l'ouvrage.

Barrages en bois

On ne les emploie que pour des retenues de 2 ou 3 m d'eau et ils sont constitués par de fortes poutres en chêne enfoncées dans le sol avec le mouton ou sonnette.

Ces poutres ou pieux sont assemblées par des traverses horizontales et des boulons, puis on fait vers l'amont un revêtement en planches de chêne ou palplanches.

Le tout est goudronné au moins une fois par an. (Voir ce qui a été dit pour les Bâtardeaux.)

Souvent les barrages en bois sont établis entre deux piles en maçonnerie distantes seulement de quelques mètres à l'endroit où se trouvent les vannes d'admission d'eau. En raison de l'entretien qu'ils nécessitent, on emploie le moins possible les barrages en bois.

Barrages en terre

S'emploient pour des retenues atteignant 10 et 12 m de hauteur, quand on dispose d'une grande quantité de terre argileuse suffisamment imperméable à l'eau.

On doit donner à ces barrages une grande épaisseur au pied pour que leurs pentes soient assez douces pour éviter le glissement des terres qui tend à se produire, surtout du côté de l'amont où elles sont recouvertes constamment d'eau.

Il faut compter, à partir et de chaque côté de la verticale, une base de 3 à 4 m pour 1 m de hauteur, c'est-à-dire, en tout, 6 à 8 m de base pour une hauteur de 1 m.

Souvent, au sommet du barrage on ménage un chemin ou route d'une largeur de 3 à 6 m dont la largeur est à ajouter à celle indiquée ci-dessus pour la base.

Le barrage devra être assez élevé au-dessus du niveau des eaux pour que les vagues ne puissent pas détériorer son sommet en passant par-dessus ; on pourra le protéger vers l'amont par un parapet en pierres.

La terre est amenée par couches successivement pilonnées et damées ; le talus d'amont est recouvert d'un perré en pierres sèches ou cimentées, celui d'aval ou extérieur est gazonné. Les prises d'eau, déversoirs, décharges, etc., doivent être, autant que possible, reportés en dehors du barrage en terre, de façon à éviter que l'afflux d'eau en vitesse ne provoque des entraînements de terres et des dégradations.

Barrages en maçonnerie

Les fondations doivent être faites sur terrain parfaitement solide ou sur pilotis sur terrains inconsistants. L'épaisseur à donner au barrage dépend de la qualité des matériaux, moellons et ciment, tout autant que de la hauteur d'eau à retenir et de la largeur du lit. On peut admettre qu'elle doit être à la base, selon la résistance des pierres et du ciment, entre les deux tiers et les six cinquièmes de la hauteur de retenue d'eau. On donne au barrage une légère convexité vers l'amont, le mur d'amont a une pente ou fuit d'un dixième, celui d'aval est en pente plus douce, pour résister à la poussée du liquide et à l'écrasement.

On peut, pour plus de solidité, armer le mur de barrage en noyant dans la maçonnerie des poutres en fer ou des tirants, reliés aux culées, qui s'enfoncent dans les berges de la rivière.

Comme exemple d'un barrage en maçonnerie de grande hauteur, citons celui du Furens, dont la hauteur est de 50 m, l'épaisseur à la base 49 m et l'épaisseur en couronne 5 m 70. Il est en forme d'arc de cercle, convexe vers l'amont, de 252 m de rayon, la largeur en ligne droite est de 100 m

Barrages en béton de ciment ou en ciment armé

Les dimensions d'épaisseur à donner à ces ouvrages dépendent essentiellement de la résistance des ciments employés et de la qualité des sables et graviers qui serviront à confectionner le béton.

Les dimensions minima que nous avons indiquées pour les barrages en pierres à bain de ciment peuvent s'appliquer aux barrages en béton de ciment Portland fortement damé par couches successives de 15 à 20 cm d'épaisseur.

L'emploi du ciment armé permet de réduire l'épaisseur à la base jusqu'à moitié de la hauteur totale, lorsque les fondations et les berges sont en roches compactes et permettent d'assurer l'accrochage efficace des armatures métalliques qui seront noyées ensuite dans le béton.

Le calcul et la confection de ces derniers ouvrages demandent l'étude d'un ingénieur spécialiste : il en est de même des barrages constitués par des piles réunies par des voussures et arc-boutées de contreforts, dont les plans et calculs sont des plus délicats à exécuter pour réaliser la solidité et l'économie des matériaux.

Grilles et vannes

L'admission de l'eau au canal d'adduction à la roue hydraulique, ou à la chambre d'eau des turbines, se fait par son passage à travers une grille destinée à retenir les morceaux de bois ou autres corps étrangers qui peuvent flotter à la surface (fig. 53).

Cette grille est généralement formée d'un grand nombre de barreaux de fer plus ou moins gros selon leur longueur (15 à 30 mm. de diamètre pour 1 à 3 m de longueur) et distants de 3 cm au plus, les uns des autres, ou en fer plat de 80 x 4 placés sur champ à 4 ou 5 cm d'axe en axe.

Il faut, en effet, retenir les objets étrangers, même de petit diamètre, surtout s'il s'agit de l'alimentation d'une turbine qui peut être gravement détériorée par l'introduction d'un morceau de bois dur, par exemple, dans ses aubes tournant à grande vitesse.

Fig. 52 - Vannes à coulisse.

La grille est installée en amont et contre le barrage où sont les vannes d'admission, de façon à occuper toute la largeur du canal et à protéger efficacement les vannes de tout corps solide. On incline généralement la grille d'amont en aval, ce qui facilite le glissement des corps flottant entre deux eaux au sommet et favorise le nettoyage. On peut rendre l'action de la grille plus efficace en disposant sur les barreaux en fer des

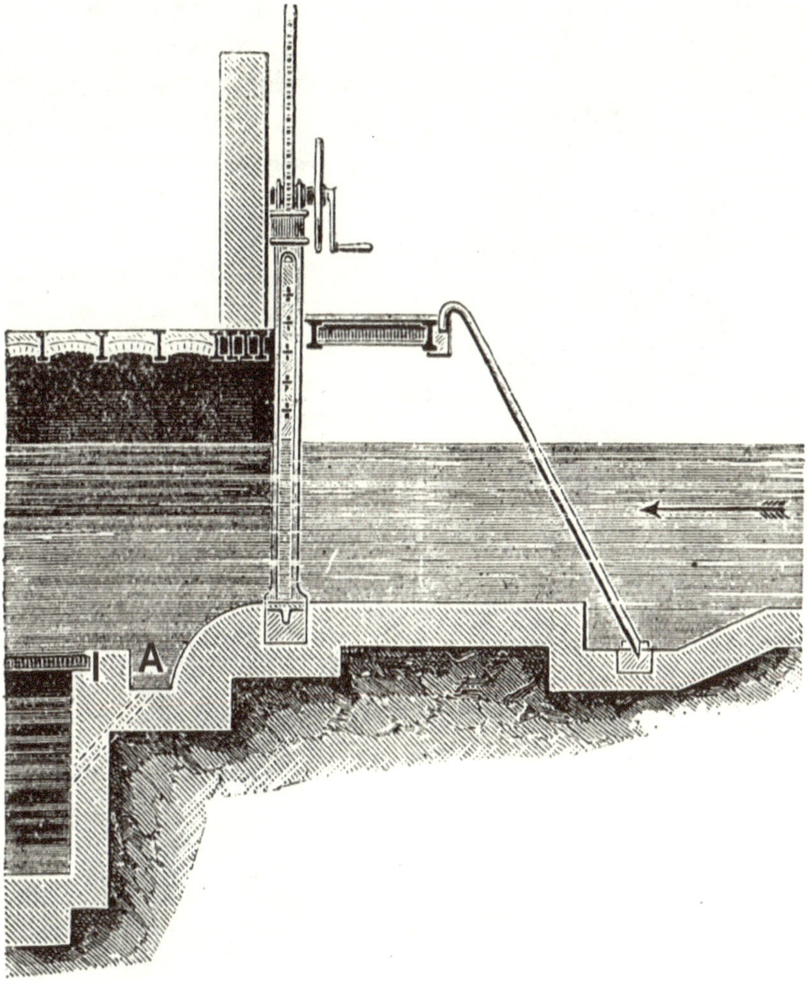

Fig. 53 - Caniveau et grille en amont d'une vanne.

cadres garnis de treillages en fil de fer galvanisé. Ces cadres retiennent les plus petits objets et doivent pouvoir se retirer facilement pour être nettoyés des feuilles et branches qu'ils arrêtent.

Entre la grille et le barrage qui porte les vannes on établit une passerelle de service qui permet de nettoyer facilement la grille et de manœuvrer les vannes. Le radier de fond est coupé par des caniveaux ou sabliers destinés à arrêter le sable et les petites pierres ; on en voit un exemple sous la grille et en A, dans la figure 53.

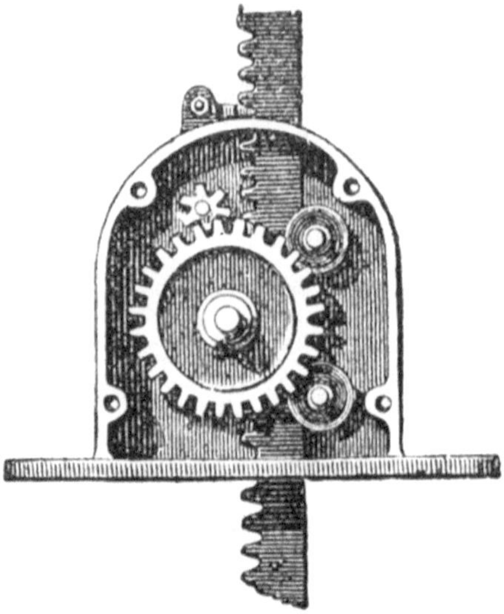

Fig. 54 - Cric de vanne.

Les vannes sont constituées par des volets mobiles en bois de chêne ou en tôle, fig. 52, coulissant dans des rainures pratiquées dans les murs du vannage. La manœuvre des vannes se fait soit par l'action de leviers à main sur les tiges prolongeant la vanne, soit, pour les grandes vannes, au moyen d'une crémaillère et d'un pignon à manivelle, analogues à un cric dont la fig. 54 montre les détails de construction. On construit aussi des vannes cylindriques ou tournantes, spécialement employées pour les très grandes pressions d'eau ; la figure 55 montre une vanne pour conduite en tôle ou ciment armé pour alimentation de turbine.

Fig. 55 - Vanne pour conduite forcée.

L'ouverture de la vanne doit être calculée en surface, pour répondre au volume d'eau à débiter. On se servira pour cela de la formule que nous avons indiquée pour le jaugeage du débit d'un cours d'eau par une vanne verticale : $Q = mS\sqrt{2gH}$, que l'on écrira :

$$S = Q / m\sqrt{2gH}$$

S étant la surface d'ouverture de la vanne, Q étant la quantité d'eau à écouler, *m* un coefficient égal à 0,62 environ, $g = 9{,}81$ et H la hauteur d'eau en amont au-dessus du milieu de l'ouverture de la vanne. Le tableau page 80 permet de déterminer instantanément la surface d'ouverture d'une vanne, selon la charge d'eau jusqu'à 4 m de hauteur.

Chapitre IV

Moteurs hydrauliques. Généralités

La chaleur solaire transforme l'eau des mers et des vallées en vapeur qui se condense sur les montagnes où elle forme des réserves d'eau inépuisables. En descendant, cette eau produit un travail égal à son poids multiplié par la hauteur mesurée entre son point de départ et son point d'arrivée, ce produit étant diminué des frottements ou pertes de charge de l'eau contre les canalisations qui la dirigent.

Les progrès des moteurs hydrauliques modernes sont dus aux efforts des ingénieurs qui ont cherché par tous les moyens possibles à supprimer les causes de diminution du rendement, c'est-à-dire à améliorer les canalisations de l'eau, à la transporter et utiliser sans remous ni perte de niveau.

Le souci de ne pas diminuer le rendement ne paraît pas avoir beaucoup préoccupé les Anciens qui ont utilisé la force de l'eau dans de très mauvaises conditions : il en est autrement avec les moteurs hydrauliques actuels dans lesquels aucune parcelle de la pression, de la vitesse ou de la force vive de l'eau n'est perdue.

Nous mentionnerons rapidement les moteurs hydrauliques d'ancienne conception et décrirons surtout les moteurs perfectionnés seuls employés aujourd'hui.

Les moteurs hydrauliques peuvent être actionnés :

1°. Par le poids de l'eau tombant d'une hauteur constante ;
2°. Par la pression de l'eau ;
3°. Par la force vive de l'eau.

Pour que l'utilisation soit faite dans les meilleures conditions il faut que dans les cas 1 et 2, les vitesses d'arrivée et de sortie du fluide soient aussi faibles que possible et, dans le cas 3, que la vitesse d'arrivée soit maximum et la vitesse de sortie minimum.

Dans certains cas, l'eau agit d'abord par force vive et ensuite par son poids pendant une partie de la marche du moteur ; une classification rigoureuse des moteurs hydrauliques est donc assez délicate à établir. Nous étudierons successivement les roues hydrauliques, les turbines, les roues genre Pelton et les moteurs à eau de conception toute particulière.

Chapitre V

Roues hydrauliques

Roues utilisant la force vive de l'eau. Roues pendantes et flottantes.

Appelées aussi roues de rivière et roues de bateau, ce sont de grandes roues à palettes, ayant de 4 à 6 m de diamètre et 2 à 3 m de longueur ou davantage, sur lesquelles le courant du cours d'eau agit par sa vitesse naturelle. Quand elles sont installées sur un bateau amarré à la rive, elles suivent naturellement les mouvements de crue et décrue du cours d'eau dans lequel elles ne plongent que par leurs palettes ; si on les monte sur un échafaudage fixe ou sous une pile de pont, il faut que leur arbre soit porté par un mécanisme tel que l'on puisse monter ou descendre la roue selon le niveau de l'eau : la figure 56 montre une de ces roues portée par des bras *b*, articulés en *a* sur un point fixe d'échafaudage ; *a* est l'axe du pignon *e* qui est ainsi constamment en prise avec l'engrenage calé sur la roue pendante que l'on équilibre par des contrepoids, de façon que la manœuvre du treuil de montée et descente soit aisée.

Quelquefois, afin d'augmenter l'action du courant d'eau, on suspend un coursier au-dessous de la roue ; on fait les pales selon les rayons, comme figure 56 ou inclinées dans le sens de l'amont, comme figure 57 ; si l'immersion de la pale ne dépasse pas 0 m 20, on fait l'angle *xyz* de 30 degrés ; si l'immersion atteint 0 m 50 on ne le fait que de 15 degrés.

Généralement les pales sont en bois ; on leur donne comme largeur un quart à un cinquième du rayon de la roue et on les espace, sur la circonférence, de 0 m 50 à 1 m. On a utilisé ces roues sur la Seine où le

56

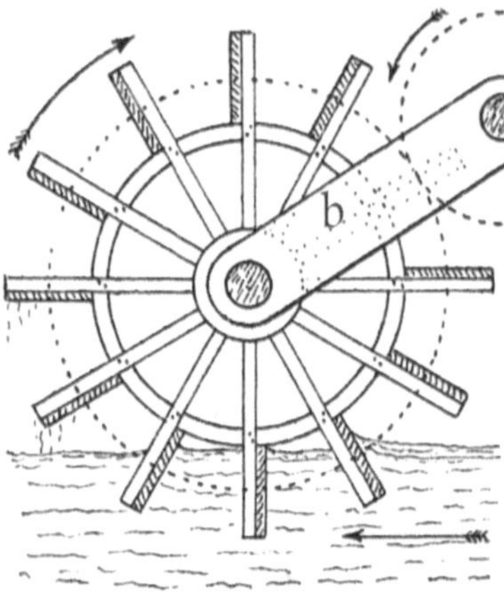

57

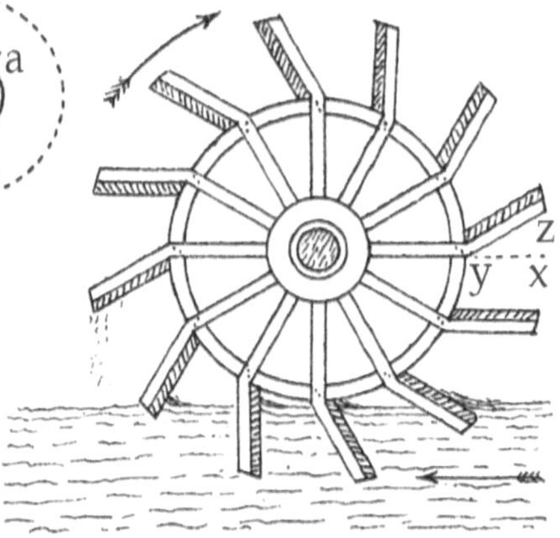

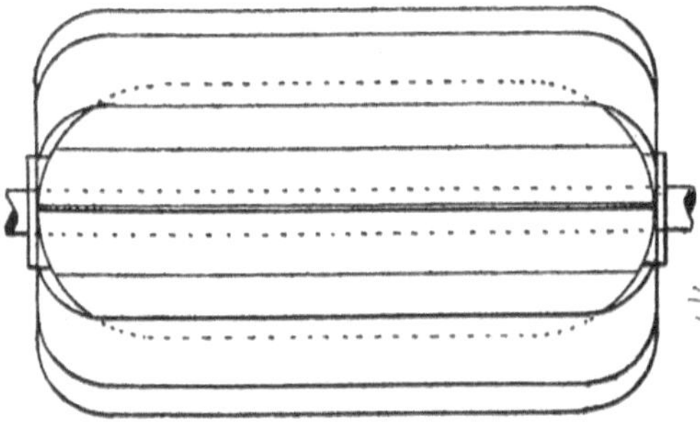

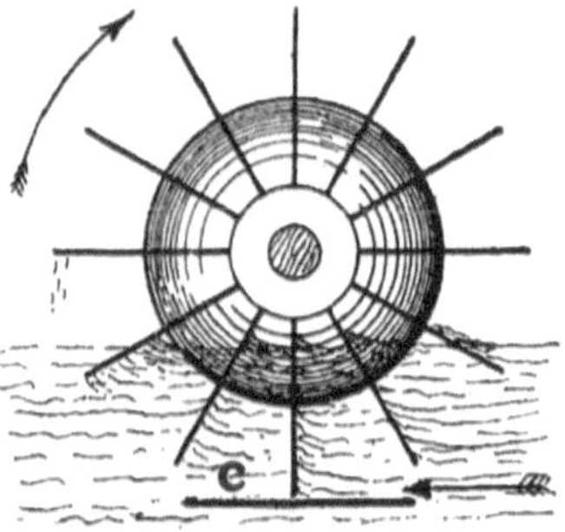

58

59

Fig. 56. – Roue pendante à aubes droites.
Fig. 57. – Roue pendante à aubes inclinées.
Fig. 58 et 59. – Roue pendante Colladon.

courant est très faible et surtout sur les fleuves rapides tels que le Rhône. Le rendement n'est que 0,25 environ du travail réel fourni par le courant d'eau ; le travail utile T est donné par la formule :

$$T = 10SV^3$$

dans laquelle S est la surface immergée d'une aube et V la vitesse du courant ; la vitesse circonférentielle de la roue est environ 0,4 V.

Roue flottante Colladon

L'ingénieur suisse Colladon a construit une roue flottante, figures 58 et 59, composée d'un cylindre en tôle fermé à ses deux extrémités par des demi-sphères et parfaitement étanche pour flotter constamment sur l'eau ; les palettes sont fixées tout autour de cette sorte de tonneau qui est disposé sur deux bras articulés, comme figure 56. On place un coursier C en dessous et le rendement peut, dit-on, atteindre 35% du travail théorique, d'où $T = 17SV^3$, environ.

Chapelets ou norias

Employés habituellement pour puiser l'eau à toutes profondeurs, ces appareils, dont nous parlerons amplement dans notre volume XIX, peuvent fournir la force motrice, comme le montre la figure 60, en faisant arriver un courant d'eau à très faible vitesse au sommet de la chaîne des godets et en disposant le canal de fuite *f* de façon que les godets n'y patouillent pas ; les norias à tube, dans lequel se meuvent des boules ou des pistons reliés par une chaîne peuvent être utilisés de la même manière pour produire la force motrice.

Le rendement théorique est très bon, car les godets ne se vident qu'à proximité du canal de fuite, vu le peu de diamètre des tambours *a* et *b*, mais l'ensemble du mécanisme est sujet à usure rapide et la contenance limitée des godets ne peut donner qu'une faible puissance.

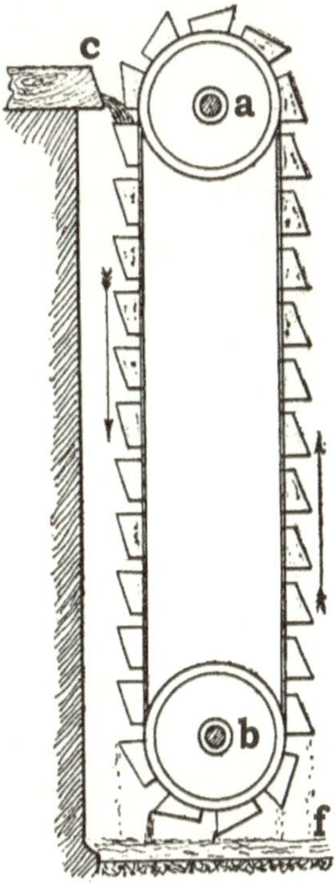

Fig. 60 - Noria motrice.

Avec certaines chaînes à godets on peut supprimer le tambour inférieur *b*, ainsi que nous le verrons au volume XIX, ce qui permet de faire fonctionner une chaîne à godets dans un puits profond, le mécanisme étant à l'orifice du puits seulement et accessible.

Ceci présente un certain intérêt pour l'obtention de force motrice si l'on dispose d'un ruisseau et d'un puits profond : on sait, en effet, qu'un puits peut absorber une grande quantité d'eau qui s'écoule par les nappes souterraines. Si donc nous posons une chaîne à godets dans un puits et que nous alimentions cette chaîne par un ruisseau à l'orifice du puits, nous aurons un moteur hydraulique peu coûteux et facile à installer. Avec un ruisseau fournissant seulement 3 l par seconde et un puits de 30 m de profondeur, nous obtiendrions ainsi 90 kilogrammètres théoriques soit, pratiquement un cheval-vapeur de 75 kilogrammètres ; une telle puissance jour et nuit permettrait de charger une batterie d'accumulateurs intéressante, car elle fournirait au moins 12 kilowatts-heure par jour.

Roue utilisant la force vive de l'eau

Roue en dessous à aubes planes ou roue à choc

Cette roue, simple et facile à installer, est très ancienne ; elle porte, comme le montre la figure 61, un grand nombre de palettes selon les rayons, sur lesquelles agit un courant d'eau très rapide produit par un vannage à tête d'eau *a* ; elle est enserrée par un coursier circulaire en dessous et deux murs *m* aussi rapprochés que possible des joues de la roue.

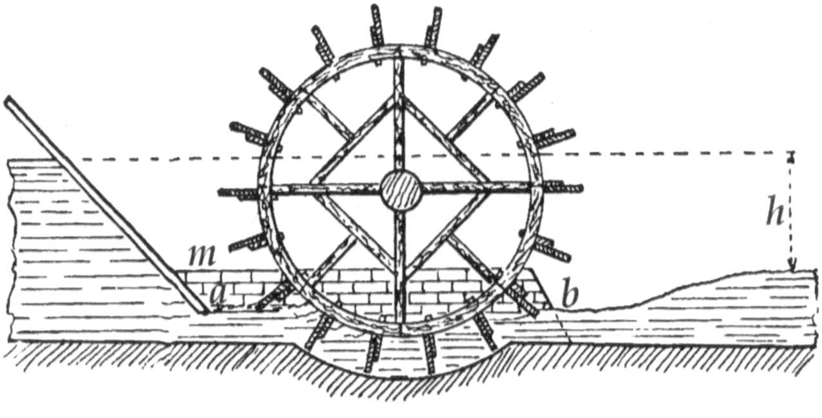

Fig. 61 - Roue en dessous à aubes planes.

L'eau reflue à partir du point *b* et s'écoule en aval ; la hauteur *h* permet de calculer le travail fourni par l'eau, mais celui donné par la roue ne dépasse pas 0,25 à 0,30 du travail théorique de l'eau. Le diamètre de la roue est de 2 à 8 m, largeur 0 m 50 à 2 m, hauteur des aubes 0 m 30 à 0 m 40 séparées par un intervalle égal à leur hauteur. L'effet maximum de la roue a lieu quand sa vitesse est entre deux tiers et moitié de celle du courant d'eau ; le diamètre de la roue est indifférent, cependant la vitesse circonférentielle ne doit pas être moindre de 1 m ni supérieure à 1 m 30 par seconde, sinon le rendement diminue considérablement. Ces indications suffisent pour calculer les éléments de ces roues. Ces roues ne sont guère employées maintenant, on en trouvera une théorie complète dans le *Manuel de l'Ingénieur* de Debauve, fascicule 8, pages 297 et suivantes.

Roue Poncelet

Perfectionnement des précédentes, ces roues, dont les figures 63 et 64 montrent une application, doivent réaliser, selon l'inventeur, que l'eau n'exerce aucun choc à son entrée dans la roue ni dans son intérieur et la quitte sans conserver de vitesse sensible ; les aubes sont courbes et tracées comme l'indique la figure 62 : la courbe *ac* est normale en *c* à la

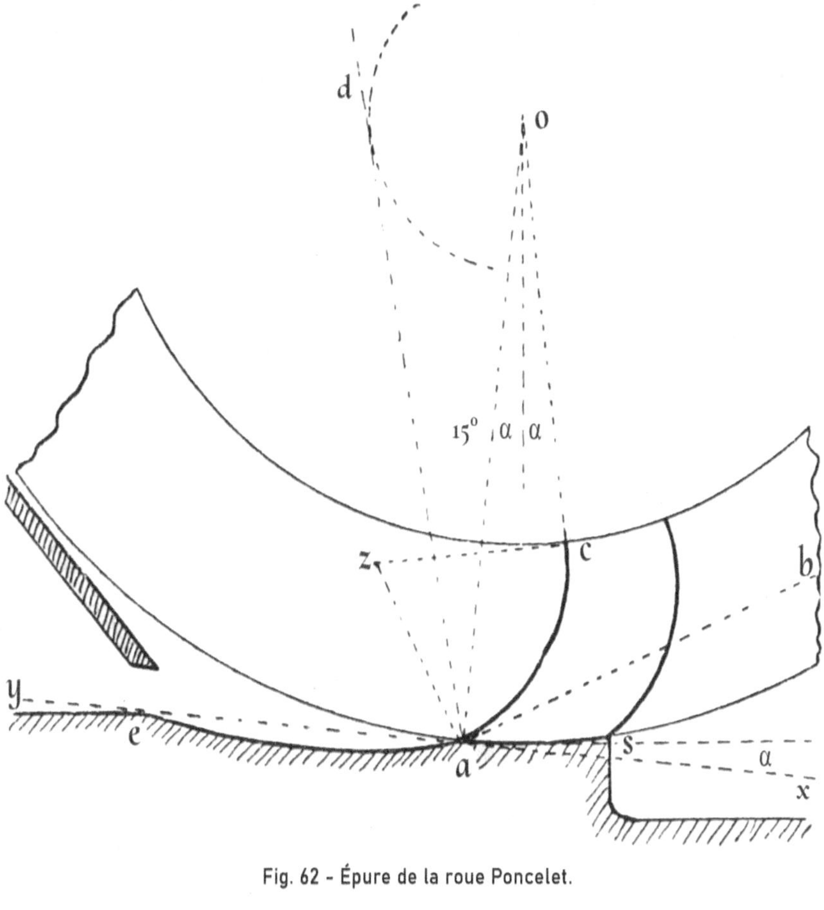

Fig. 62 - Épure de la roue Poncelet.

Grande roue hydraulique à aubes courbes
de GUÉRIGNY (Nièvre)
Élévation & coupe de la roue & du coursier

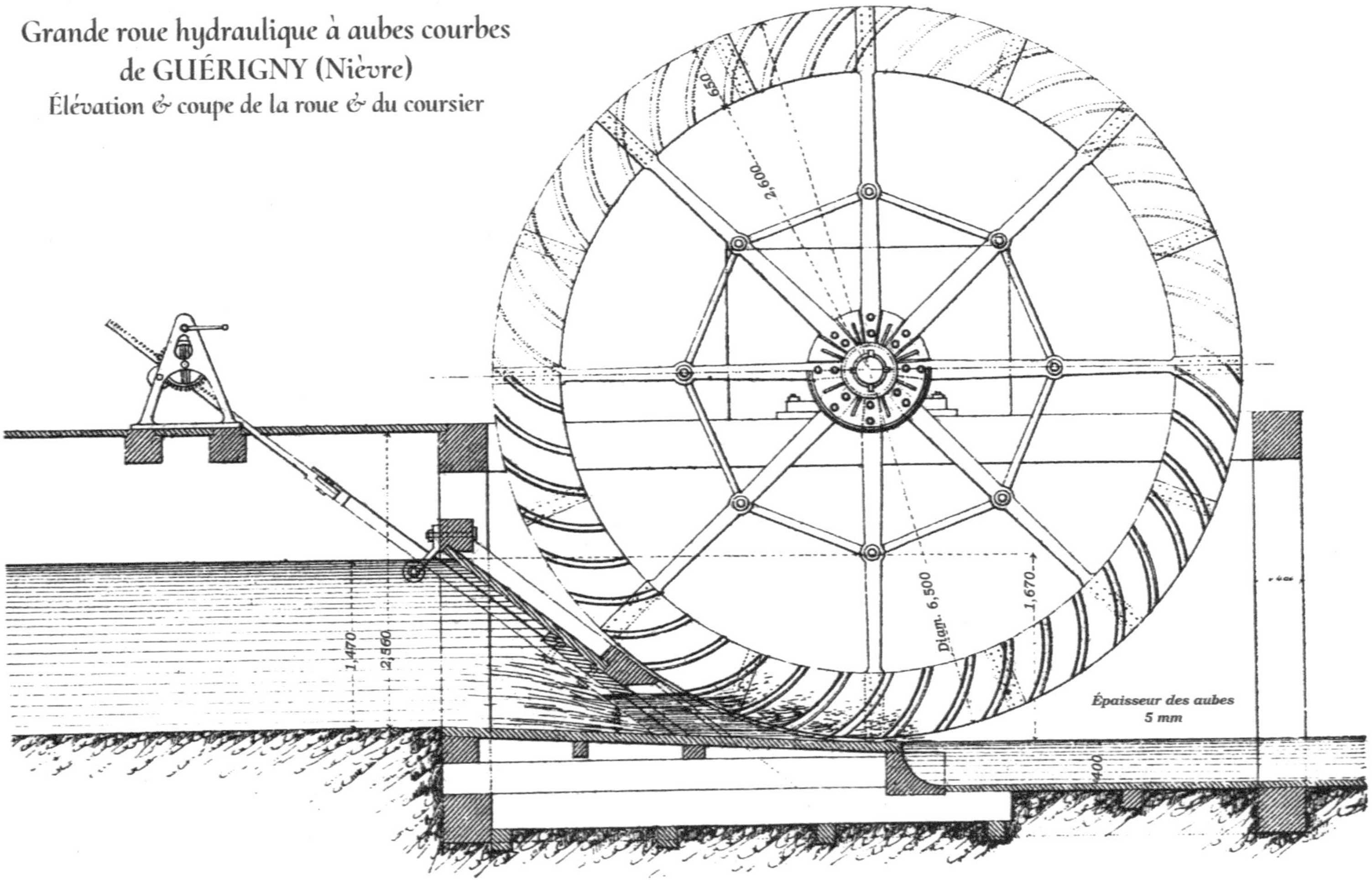

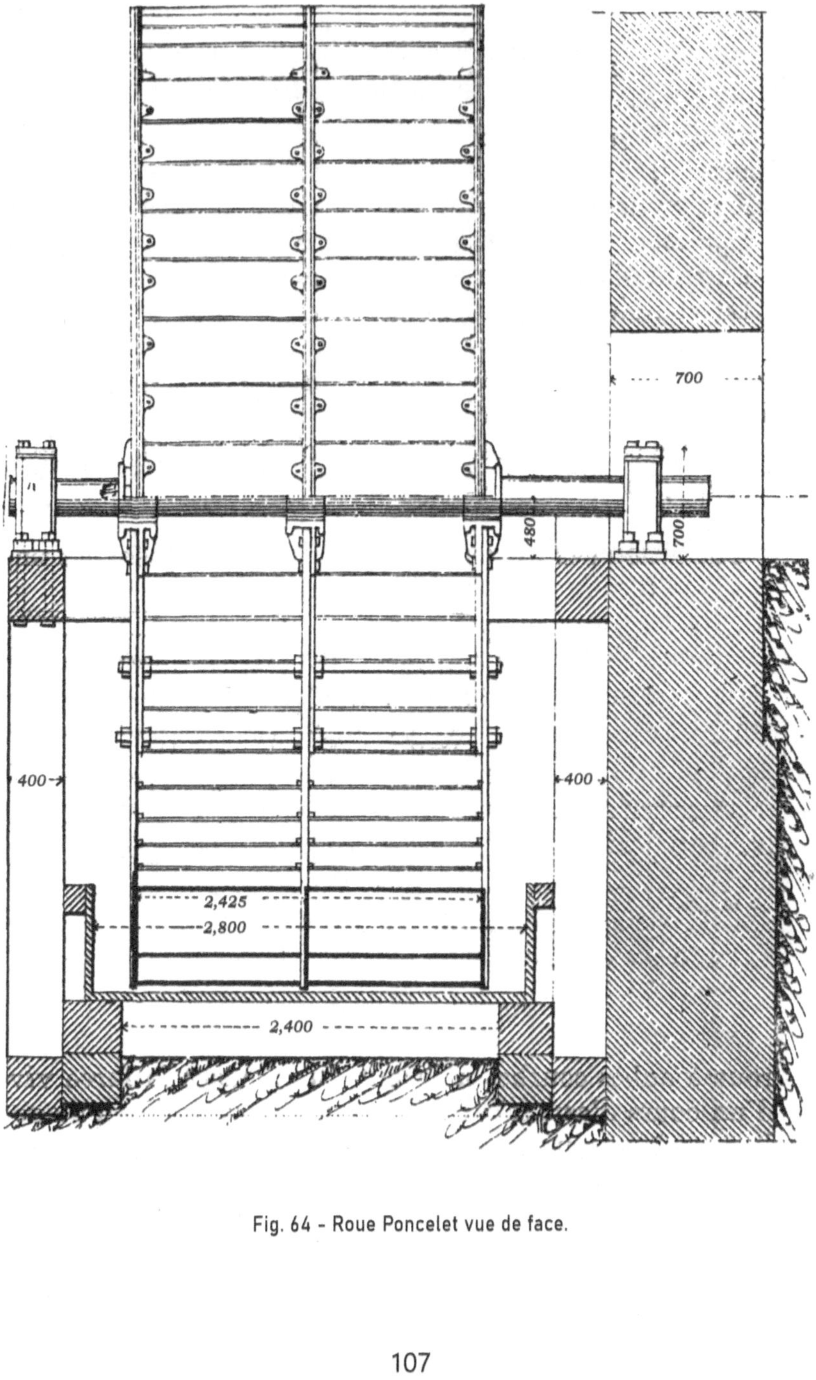

Fig. 64 - Roue Poncelet vue de face.

circonférence intérieure de la couronne et fait un angle de 25 à 30 degrés avec la circonférence extérieure de la roue : angle *bax* = 30° dans notre dessin ; leur écartement est de 0 m 25 à 0 m 35 ; la courbure des aubes est commandée par l'angle α que fait la ligne *ao* avec la verticale et la ligne *oc* qui fait ce même angle α avec la verticale, α étant l'angle que fait la direction du coursier rectiligne *yx* avec l'horizontale.

La courbe est un arc de cercle dont le centre *z* est à la rencontre des perpendiculaires aux tangentes *ab* et *oc*. Au début, Poncelet faisait un coursier rectiligne incliné à la pente de 5 à 10 % sur l'horizontale, avec une partie circulaire *as* ayant pour longueur la distance entre deux aubes : la ligne *yx* indique ce coursier rectiligne mais il reconnut que, pour éviter les remous, l'eau doit suivre une *développante de cercle ea* tracée de la manière suivante : au point *a* on mène une ligne *ad* faisant avec *ao* un angle égal à la moitié de l'angle *bax*, soit ici 30° divisé par 2 = 15° ; du point central *o*, on trace un cercle tangent à *ad* et la courbe *ae* est une partie de la développante de ce cercle. On raccorde cette courbe par un arrondi de grand rayon avec le seuil de la vanne en *e* ; le général Morin a remplacé la développante par une portion de spirale.

Le *seuil de la roue* en *s* est déterminé par la distance *as* égale à l'écartement entre deux aubes.

L'eau sortant de la vanne à grande vitesse monte le long des aubes de la roue et y perd sa vitesse ; le rendement est de 55 à 65 % du travail théorique de l'eau. Les roues Poncelet conviennent bien à des chutes de 0 m 80 à 1 m, mais peuvent utiliser celles jusqu'à 2 m On a employé avec succès une roue Poncelet de 2 m de diamètre et de 1 m 60 de largeur sur une chute de 0 m 22 seulement, débitant 200 à 300 l par seconde.

La vitesse circonférentielle des roues Poncelet est un peu plus de la moitié de la vitesse de la lame d'eau qui frappe les palettes de la roue ; l'épaisseur de cette lame d'eau varie de 20 à 40 cm ; le diamètre de la roue est calculé de manière que la vitesse circonférentielle de la roue soit entre 1 m 60 et 2 m 20 par seconde ; ces roues sont donc à vitesse élevée.

La roue Poncelet installée à Guérigny, en 1858, figures 63 et 64, a 6 m 50 de diamètre et 2 m 85 de largeur divisée en deux parties par une couronne intérieure ; il y a quarante-huit aubes.

Épaisseur des tôles des couronnes : 9 mm.

Épaisseur des tôles des aubes : 5 mm. ;

Largeur des couronnes : 650 mm.

Le coursier est rectiligne avec une pente de 5 cm par mètre, ce qui est défectueux ; la puissance de cette roue est de 37 CV. ; elle eût atteint 40 CV. avec un coursier à développante comme décrit ci-dessus. On trouvera la théorie complète des roues Poncelet dans le fascicule 8, Debauve, mentionné ci-dessus.

Utilisation des torrents

La figure 65 représente une roue à aubes courbes utilisant directement la force vive d'un cours d'eau très rapide, sans travaux de vannage : la roue fonctionne un peu comme la roue Poncelet, mais les aubes sont inclinées de telle sorte qu'elles se présentent parallèlement à la direction des filets d'eau ; leur tracé dépend donc de la pente du torrent. Un coursier courbe et deux murs enserrent la roue.

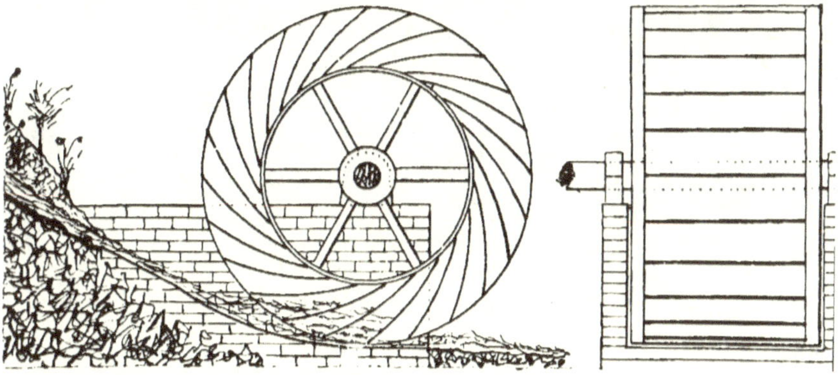

Fig. 65 - Roue à choc.

L'établissement de cette roue est peu coûteux et trouve son application dans les pays montagneux.

Roues utilisant surtout le poids de l'eau

Roue de côté à aubes planes ou courbes

Représentée figure 66 vue de profil et figure 67 vue en long, cette roue a des aubes planes suivant les rayons ; on les renforce par une partie en pente à 45° au fond de l'aube, qui a pour effet d'amortir le choc de l'eau à son entrée. La base de la roue est enfermée dans un coursier circulaire et enserrée entre deux murs de telle sorte que l'eau ne peut s'écouler que par

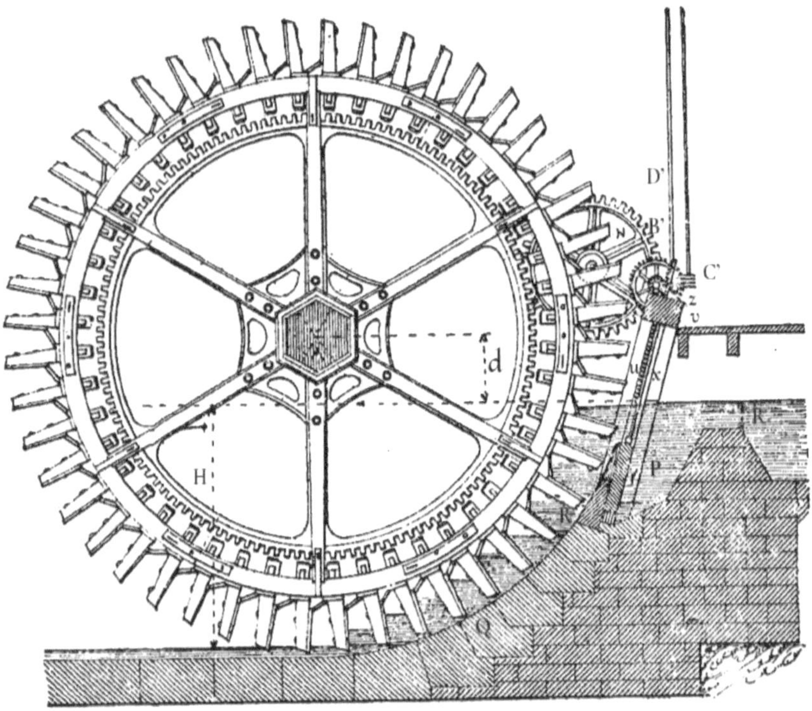

Fig. 66 - Roue de côté à aubes planes (profil).

le mouvement des aubages. Le rendement varie de 0,70 pour une chute de 2 m 50 à 0,50 pour une chute de 1 m 20 ; vitesse circonférentielle 1 m à 1 m 50 par seconde. La largeur de la vanne égale à la longueur de la roue, figure 67, peut aller jusqu'à 6 m mais, si la roue est longue, il faut la constituer avec des couronnes intermédiaires distantes d'environ 1 m 50 les unes des autres, comme on le voit figure 67.

1. - Alimentation sans tête d'eau, fig. 66. — L'eau arrive en déversoir : si h est l'épaisseur de la lame d'eau (0 m 18 à 0 m 30), la vitesse du filet moyen est :

Pour mince paroi : $V = \sqrt{2g \times 0{,}57h}$

Pour paroi épaisse : $V = \sqrt{2g \times (h/3)}$

Le débit $q = 0{,}45\ h\sqrt{2gh} \times l$, l étant la longueur de la vanne.

On met le centre de la roue à une hauteur d entre 0 m 50 et 1 m au-dessus du niveau du bief amont et le diamètre de la roue peut être de 3 m 50 à 7 m : H étant la hauteur de chute on a $D = 2(d + H + 1{,}5\ h)$.

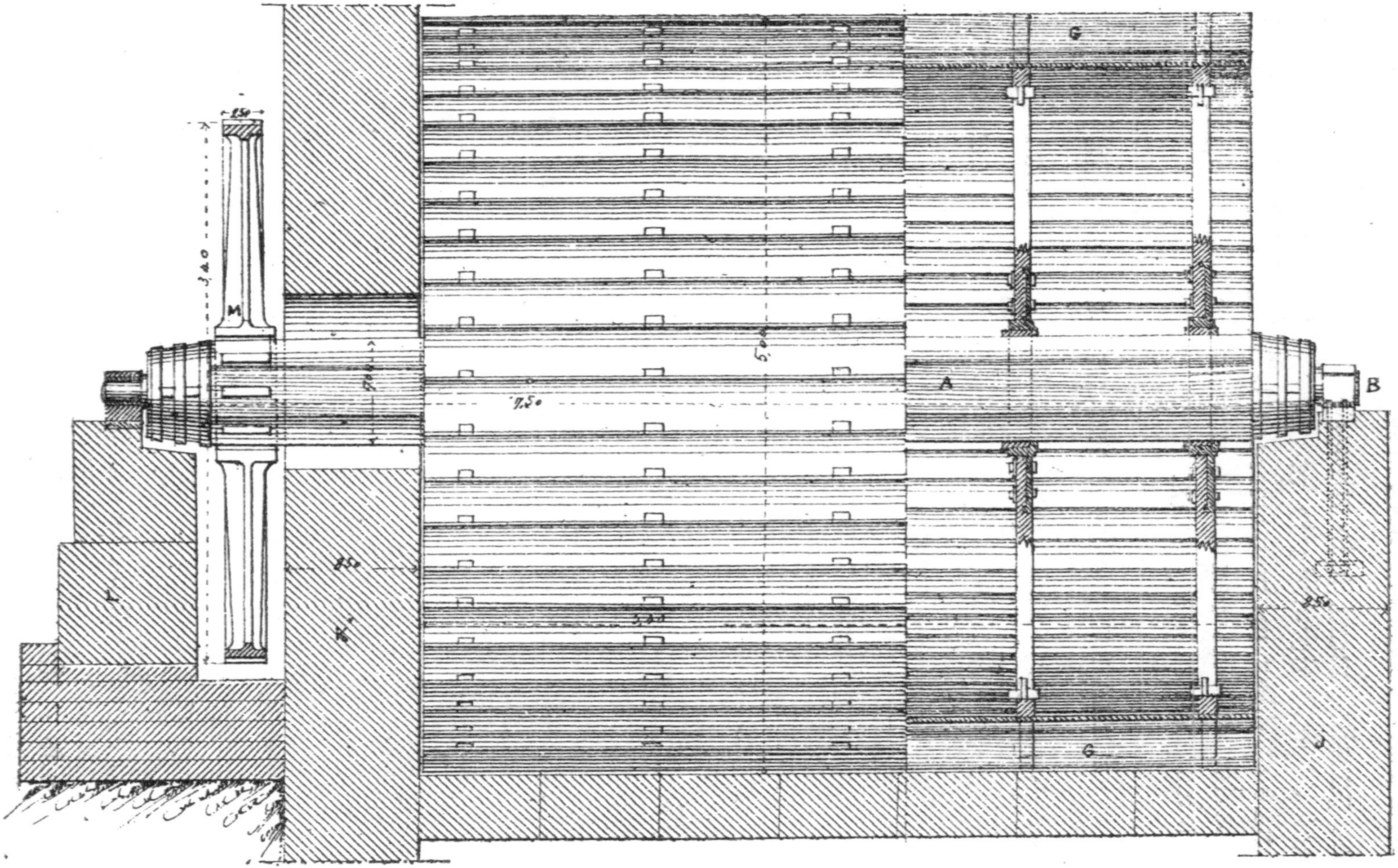

Fig. 67 - Roue de côté à aubes planes (face).

2. - Alimentation par vanne avec tête d'eau. — La hauteur A de la tête d'eau est en proportion de la hauteur H de la chute, comme suit :

H =	1 m	1 m 50	2 m	2 m 50
h =	0,60 à 0,70	0,70 à 0,80	0,80 à 0,90	0,90 à 1 m

Diamètre et longueur de la roue comme ci-dessus, *d* étant pris au-dessus de l'orifice du vannage.

L'épaisseur E de la levée de vanne est de 0 m 15 à 0 m 40. Nous avons donné ci-dessus des tableaux de débits d'eau pour les déversoirs et pour les vannes à orifice chargé.

Profondeur des aubages

Soit R le rayon de la roue ;

r le rayon au fond des aubages ;

Q le volume d'eau à absorber par seconde ;

l la longueur de la roue ;

r sera donné par la formule :

$$r = \sqrt{R^2 \frac{2RQ}{\varphi k l}}$$

Dans cette expression, φ est un coefficient relatif à l'espace occupé par l'épaisseur des aubes, soit 0,90 à 0,95 selon qu'elles sont épaisses ou minces ; *k* est le coefficient de remplissage, de 0,3 à 0,5, selon que le volume à dépenser est plus grand.

Fig. 68 - Roue de côté à aubes courbes.

La profondeur des aubages est R — *r*.

L'espacement entre les aubes est 0 m 30 à 0 m 50.

Les roues à aubes planes conviennent à des chutes entre 1 m et 2 m 60 ; lorsque le niveau amont est à peu près constant, on emploie le vannage sans tête d'eau et, si le débit et le niveau sont très variables, on prend le vannage avec tête d'eau, de même si le volume d'eau disponible est très grand et surabondant ou si la puissance exigée par l'usine est très variable. Certains constructeurs font les aubes courbes, ce qui est facile avec la tôle d'acier, comme le montre la figure 68, roue *Teisset et Rose-Brault.*

Roue Sagebien

Important perfectionnement de la roue de côté à aubes planes, elle comporte, comme le montre la figure 69, un grand nombre de pales planes inclinées sur les rayons de la roue dans le sens de l'arrivée d'eau. Cette roue appelée aussi roue vanne a un excellent rendement de 80 à 90 %, mais sa vitesse circonférentielle ne dépasse pas 60 à 70 cm par seconde.

Les aubes, très hautes, plongent en grande partie dans le canal de fuite et absorbent ainsi toute la vitesse de l'eau qui doit arriver à une vitesse très faible dans le canal d'amenée qui est disposé, à cet effet, large et profond.

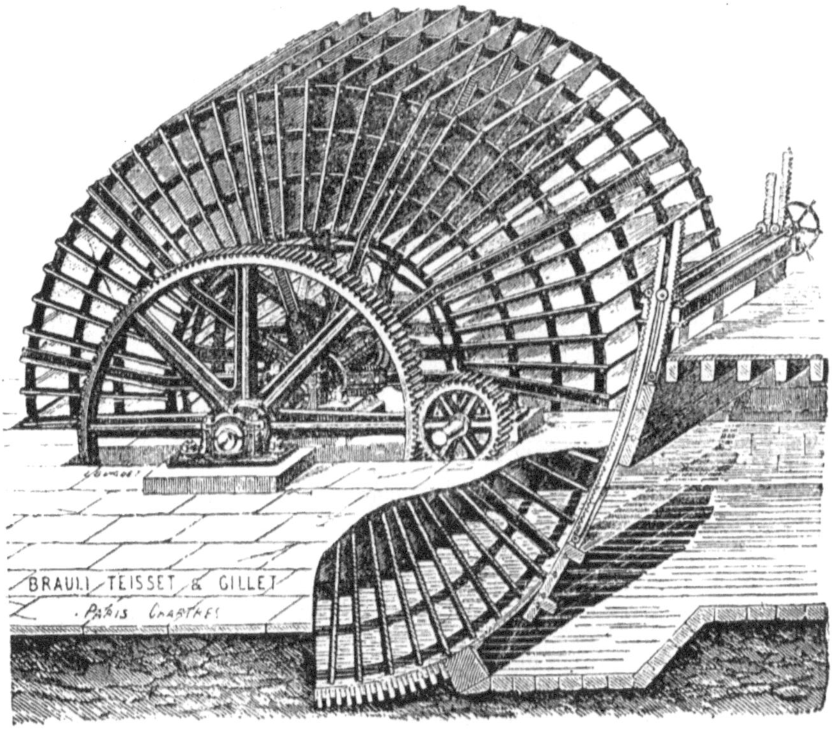

Fig. 69 - Roue Sagebien, en fer et tôle.

La roue vanne peut dépenser jusqu'à 1 500 l. d'eau par seconde et par mètre de longueur et donner de grandes puissances avec de très basses chutes à partir de 0 m 50 et jusqu'à 3 m.

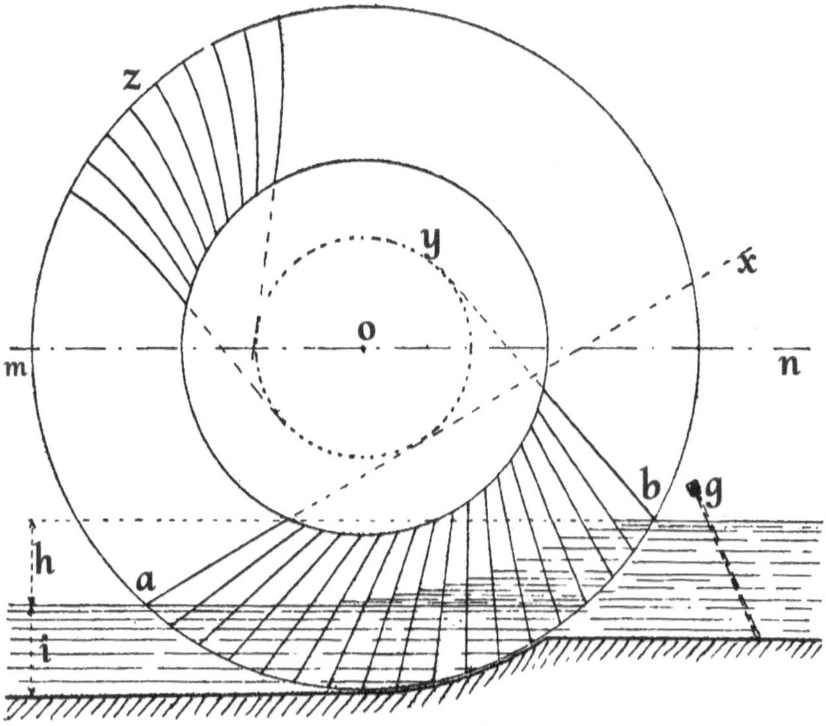

Fig. 70 - Épure de roues Sagebien et Zuppinger.

Le tracé de la roue Sagebien se fait selon l'épure figure 70 : le diamètre est sept à huit fois la hauteur de la chute d'eau, soit 6 à 12 m ; la hauteur des aubages doit être suffisante pour que l'eau ne pénètre pas dans le milieu de la roue, soit $i + h/2$ au minimum, i étant la profondeur de l'eau en aval et h la hauteur de chute.

Ayant tracé le cercle de la roue de centre *o*, on mène au point d'émersion *a* une ligne *ax* faisant un angle d'au moins 30° avec l'horizontale ; du centre *o*, on trace un cercle tangent à *ax* et la ligne *by*, tangente à ce cercle à partir du point d'immersion *b*, doit faire avec l'horizon un angle voisin de 45 degrés ; le rendement de la roue est d'autant meilleur que les aubes recevant l'eau d'amont sont plus rapprochées de la verticale, ce qui conduit à augmenter le diamètre de la roue pour améliorer son rendement.

Si le débit du cours d'eau est à peu près constant, on laisse arriver l'eau sur toute la profondeur du canal d'amenée ; sinon, on met un vannage circulaire (figure 71) qui montre la construction d'une ancienne roue Sagebien ; on voit que la roue est contenue dans un coursier cylindrique en maçonnerie et elle est enfermée entre deux murs empêchant l'eau de s'échapper par les côtés.

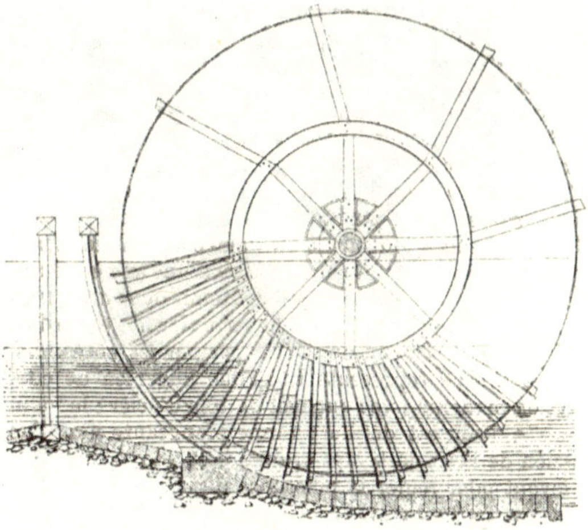

Fig. 71 - Roue Sagebien à vannage circulaire.

La figure 69 représente une roue Sagebien de construction moderne avec aubages en tôle d'acier ; la vanne d'entrée d'eau est double : vanne plongeante pour l'admission de l'eau en temps ordinaire et vanne supérieure se levant pour régler la puissance de la roue aux temps de crues.

La distance d'une pale à l'autre, sur la circonférence (pas des aubes) doit être entre 0 m 30 et 0 m 45 ; on adopte généralement 0 m 40.

Vitesse des roues Sagebien : 1,5 à 2 tours par minute.

Roue Zuppinger

Dans cette roue, les aubes analogues à celles de la roue Sagebien sont relevées en arc de cercle comme on le voit en *z*, figure 70, de sorte que l'aube présente un angle de 70 à 75° avec l'horizon au moment où elle quitte l'eau d'aval en *a* ; cette forme courbée des aubes avait, du reste, été adoptée par Sagebien qui lui trouvait l'avantage de diminuer les chocs de l'eau à son entrée dans la roue et de faciliter le passage de la roue dans le coursier circulaire, au cas où quelque corps étranger y aurait pénétré, malgré les grillages disposés en amont de l'entrée d'eau, en *g*.

Roues à augets

Cette roue est composée de deux couronnes réunies par une fonçure circulaire, entre lesquelles sont disposés des augets dont ladite fonçure forme un des côtés.

Fig. 72 - Roue à augets sans tête d'eau.

Dans les roues en bois, on donne aux augets diverses formes représentées figure 73 :

De 1 à 2, augets dont le fond a moins de la moitié de la largeur de la couronne et qui viennent en recouvrement l'un sur l'autre, ce qui retarde l'échappement de l'eau et améliore le rendement de la roue.

De 2 à 3, augets dont le fond a la moitié de la largeur de la couronne, se recouvrant l'un l'autre.

De 3 à 4, augets dont le fond a la moitié de la hauteur de la couronne, mais qui n'empiètent pas les uns sur les autres. Cette forme facilite l'entrée de l'eau, mais la conserve moins longtemps ; elle convient aux roues qui sont munies d'un coursier comme les figures 73 et 74.

De 4 à 1, figure 73, augets dont le flanc antérieur est formé de deux parties planes, ce qui, avec le fond ayant une grande largeur, leur donne un maximum de contenance et leur permet de conserver l'eau le plus longtemps possible.

Les roues en tôle ont les augets comme figures 72 et 74, formés d'une seule feuille de tôle courbée.

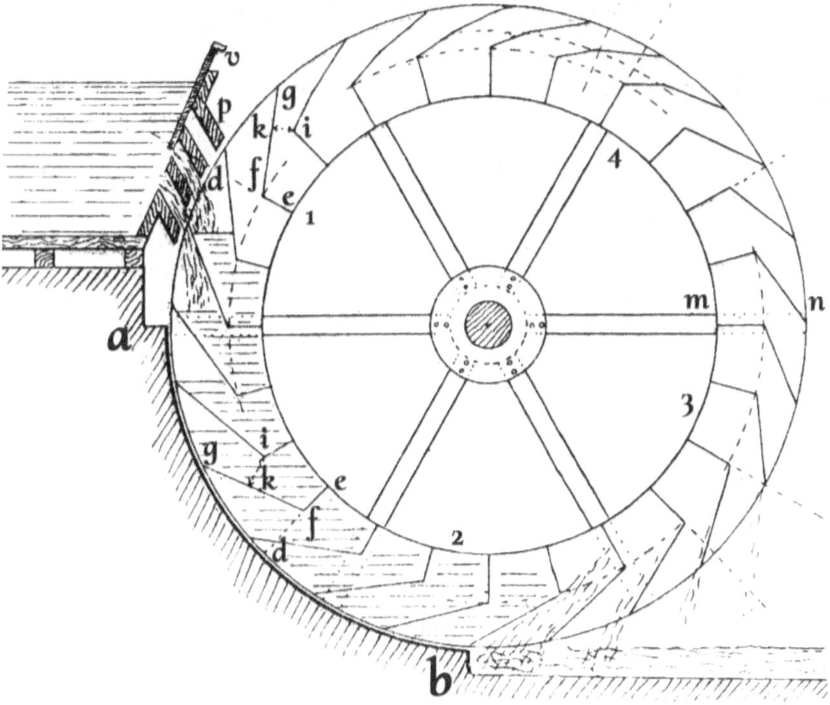

Fig. 73 - Roue à augets avec vannage à persiennes.

D'après AUBUISSON, il faut faire *ef* = *ed* / 3 (fig. 73), et l'angle *efg* = 110 à 118 degrés, la plus petite distance *ik* entre deux aubes consécutives étant égale à l'épaisseur de la lame d'eau augmentée d'un centimètre, soit 10 à 12 cm ; ainsi, les aubes se recouvrent mutuellement comme de 1 à 2, figure 73.

Les deux couronnes des roues à augets, bois ou fer, sont réunies par un certain nombre de tirants-entretoises en fer rond avec écrous, indiqués figure 74.

Le pas ou écartement des augets sur la circonférence de la roue se prend entre 0,75 et 1 de la largeur de la couronne : (R - *r*) × 0,75 à 1, soit environ 0 m 30.

La largeur de la couronne (R - *r*) ne dépasse pas 0 m 30. La quantité d'eau admise par mètre de longueur de la vanne et par auget ne doit pas dépasser 100 l par seconde et il faut donner à la roue une longueur suffisante pour recevoir le débit normal du canal d'amenée.

Le rendement des roues à augets bien construites et tournant lentement, munies d'un poitrail ou col-de-cygne retenant l'eau dans les augets à la partie inférieure de la roue, comme figures 73 et 74, atteint 75 à 85 % du travail théorique de l'eau, mais ce rendement élevé s'abaisse rapidement à 50 ou 60 % avec les roues à rotation rapide ; la vitesse circonférentielle doit être entre 1 m et 1 m 30 (pas moins d'un mètre par seconde) pour les entrées sans tête d'eau (fig. 72) et 1 m 50 à 2 m dans le cas d'arrivée d'eau avec tête d'eau, comme figure 74.

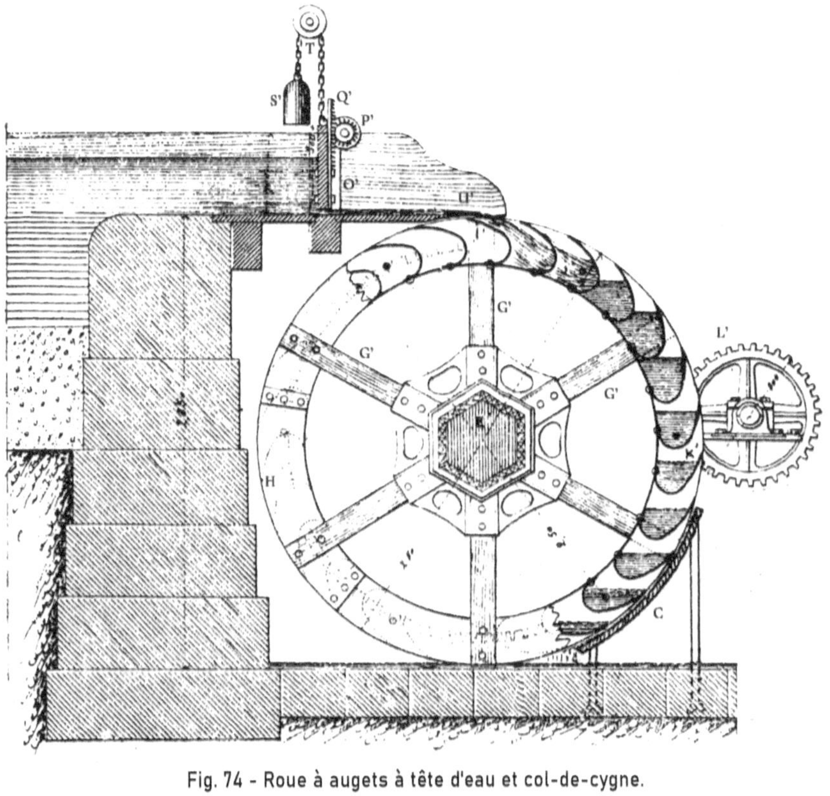

Fig. 74 - Roue à augets à tête d'eau et col-de-cygne.

Calcul des dimensions des augets

Soit *l* la longueur d'un auget, *n* le nombre des augets, Q le débit du cours d'eau par seconde, *v* la vitesse circonférentielle de la roue et R son rayon : un auget occupe sur la circonférence un arc égal à $2\pi R/n$; le nombre d'augets qui passe par seconde est v / ($2\pi R/n$) = vn / $2\pi R$ et ces augets doivent absorber Q sur une longueur *l* ; la quantité d'eau à recevoir dans chaque auget est donc :

$$\frac{Q}{l\frac{vn}{2\pi R}} = \frac{2\pi RQ}{lvn}$$

Cette expression est, en mètres carrés, la superficie minima de la section d'un auget.

Généralement, on détermine d'avance le profil de l'auget sur l'épure de la roue et on n'a à calculer que la longueur de la roue ; si S est la surface adoptée pour un auget on a :

$$l = 2\pi RQ / nvS$$

Emploi des roues à augets

La roue sans tête d'eau, figures 72 et 75, s'emploie pour des chutes égales ou supérieures à 3 m, mais on peut, dans le cas où l'on ne dispose que d'une basse chute et si l'on n'a besoin que de peu de force, pour pomper de l'eau par exemple, employer une petite roue à augets qui est peu coûteuse et facile à installer sur des charpentes ou des murs en maçonnerie ou béton ; la roue sans tête d'eau convient quand le débit

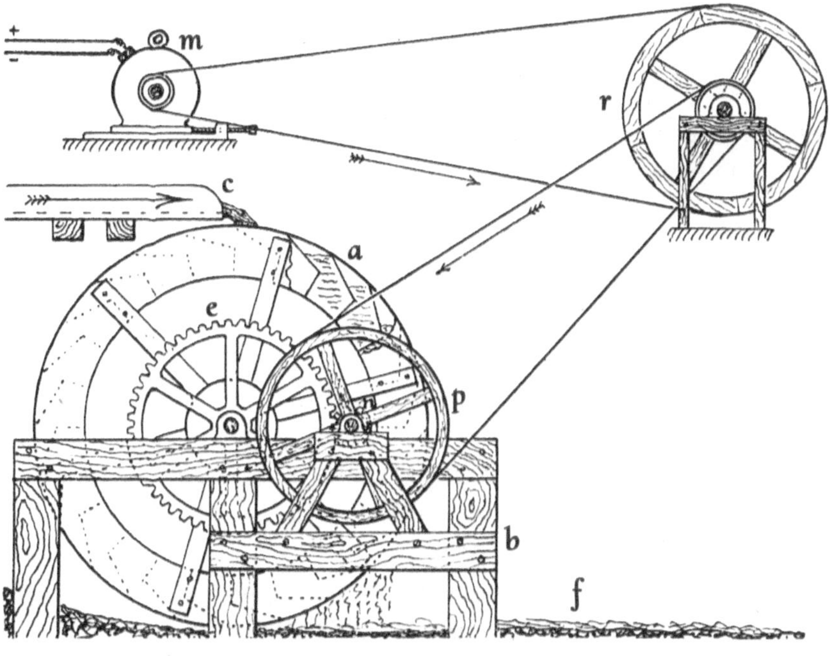

Fig. 75 - Transmission entre roue hydraulique et dynamo.

d'eau est peu variable. La roue à tête d'eau, figure 74, convient pour des chutes supérieures à 4 m, toutes les fois que le débit est variable ou que la puissance exigée par l'usine est sujette aussi à variations ; sa vitesse est plus grande que celle de la roue sans tête d'eau, parce que l'eau agit sur les augets d'abord par sa force vive et ensuite par son poids.

Les roues à augets ont ceci de particulier que si le débit d'eau augmente, l'eau passe par-dessus la roue et est perdue comme force motrice, mais la puissance de la roue n'augmente pas, non plus que sa vitesse.

Roues à augets étagées

Les chutes au-dessus de 8 à 10 m entraîneraient la construction de roues à augets très lourdes et coûteuses ; on emploie alors le dispositif indiqué schématiquement par la figure 76 de deux ou trois roues superposées, l'inférieure recevant l'eau d'aval de la roue qui est en dessus d'elle mais, en ce cas, on préfère généralement installer une turbine en bâche (voir chapitre suivant).

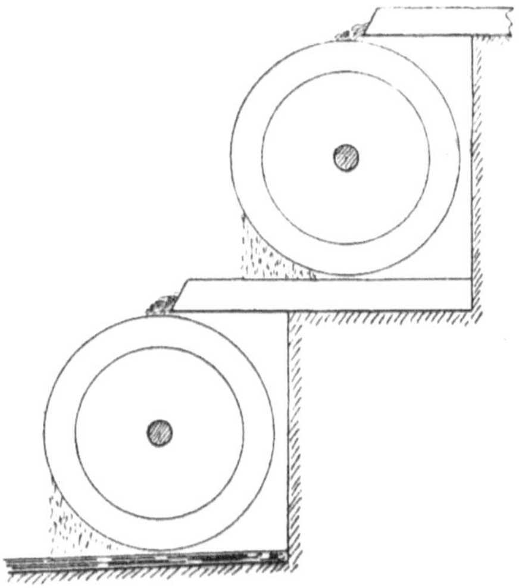

Fig. 76 - Roues étagées.

Roues à augets dites de poitrine

Lorsqu'une chute d'eau a moins de 3 m, on peut employer la roue à augets en faisant arriver l'eau au-dessus du diamètre passant par le centre de la roue et en entourant la partie basse par un coursier circulaire *ab*, figure 73 ; en ce cas, l'arrivée d'eau se fait avantageusement par un vannage à persiennes, tel que représenté en *p*, figure 73 ; les lames d'eau sont dirigées de façon à pénétrer parallèlement aux flancs des augets ; on ouvre, au moyen de la vanne *v* une ou plusieurs persiennes, selon le débit d'eau et la puissance exigée.

On donne à la tête d'eau une hauteur de 0 m 30 à 0 m, 60 au-dessus de la persienne la plus basse et on fait les persiennes de 0 m 02 à 0 m, 04 d'ouverture ; le nombre des orifices et la somme de leurs surfaces d'écoulement doivent être suffisants pour écouler Largement la quantité d'eau disponible ; on a toujours la facilité de baisser plus ou moins la vanne. On peut donc calculer la somme de la surface des persiennes comme un déversoir par vanne à tête d'eau, en prenant la hauteur de l'eau au-dessus de la hauteur moyenne des persiennes. On construit les roues de poitrine jusqu'à 6 m de longueur ; leur rendement est de 0,60 à 0,70.

Roues à augets à admission par côté ou intérieure

Un moyeu en fonte porte des bras et une couronne qui porte des augets en tôle débordant de chaque côté de la couronne et alimentés par le côté ou par l'intérieur, comme le montre la figure 77. Cette roue ne peut convenir qu'à de petits débits, car la longueur des augets est forcément très limitée, puisqu'ils ne sont supportés que par leur partie médiane.

Fig. 77 - Roue à augets dite de côté.

Construction des roues hydrauliques

L'arbre chargé d'un poids considérable – poids de la roue plus poids de l'eau – se faisait jadis en bois de fort diamètre avec tourillons en fer rapportés à chaque bout ; on le ferait maintenant en acier creux ou plein : voir le *volume IX : arbres chargés.*

Sur cet arbre sont calés deux ou plusieurs *tourteaux* ou moyeux en fonte sur lesquels sont rivés ou boulonnés les bras en fer ⊔ ou en bois ; on voit sur nos gravures divers modèles de ces tourteaux qui comportent autant de rainures ou encastrements en forme de gaines dans lesquels sont pris les bras ; on leur donne, pour roues à bras en bois, un diamètre de ⅕ à ¼ D et, pour bras en fer, ⅐ à ⅕ D. Dans les grandes roues, on relie les bras par des entretoises polygonales, (figure 62) ; on met six à huit bras selon le diamètre de la roue.

Si la roue doit passer entre murs (*roues Poncelet, Sagebien*, etc.), il faut que les couronnes extérieures affleurent les bras, ce que l'on réalise en ajoutant des épaisseurs ou fourrures entre les bras.

En tout cas, la roue doit tourner parfaitement rond et être bien équilibrée, ce que l'on réalise au besoin par l'adjonction de masselottes en fonte aux endroits voulus. Les roues en bois, pendant les périodes d'arrêt, perdent du poids dans la partie non immergée, ce qui les déséquilibre complètement et constitue un grave défaut. Aussi, ne doit-on pas laisser ces roues longtemps arrêtées au même point et, si l'arrêt doit être prolongé, il faut les faire tourner d'un demi-tour de temps en temps, sinon il est très difficile de les remettre en marche dans de bonnes conditions.

Forme du bec de la huche amenant l'eau sur la roue

Dans les roues en dessus, l'eau doit arriver sans former chute ; le bec du canal d'amenée doit donc être formé d'une partie en tôle tangente à la roue à l'aplomb du centre de celle-ci.

Transmissions pour roues hydrauliques

La vitesse très lente de ces roues, un à quatre où cinq tours par minute, oblige à les munir de grandes roues dentées avec dentures en bois dites *alluchons*, qui attaquent un pignon en fonte de petit diamètre. On voit ces roues figures 66, 74, 75-77 et 69. Quelquefois, la roue dentée n'a pas un diamètre moindre que celui de la roue hydraulique ; on arrive ainsi à obtenir sur l'arbre premier moteur de l'usine une vitesse de vingt à quarante tours par minute et l'on peut alors employer des transmissions par courroies pour multiplier la vitesse.

Les machines modernes d'utilisation tournent en général à vitesses élevées ; pour obtenir, en peu de place, une augmentation considérable de vitesse, on peut avoir recours aux *enrouleurs de courroie* : nous avons décrit ces appareils dans notre volume III.

La figure 75 montre l'application d'une roue hydraulique à la commande d'une dynamo d'éclairage avec double transmission par courroie à partir de l'arbre qui est entraîné par le grand engrenage de la roue.

Chapitre VI

Les turbines

Le nom est dû à Burdin, ingénieur des Mines, qui inventa en 1824, sous le nom de *turbine hydraulique*, un appareil à grande vitesse de rotation dans lequel l'eau agit, par son poids en même temps que par sa vitesse, sur toute la surface d'une roue, de sorte qu'on obtient le maximum de puissance avec le minimum d'encombrement et de poids de la machine. Chose curieuse, les anciens auteurs reprochaient à la turbine de tourner trop vite, de qui fait justement l'affaire des machines électriques actuelles.

Fourneyron, qui avait travaillé avec Burdin, perfectionna l'invention et eut l'idée d'enfermer la turbine dans une enveloppe close, en tôle, alimentée par un tuyau ; il fut ainsi le véritable créateur de la turbine moderne et réalisa en 1835 une turbine de 60 chevaux sous chute de 108 m avec conduite forcée de 500 m de longueur. La roue n'avait que 0 m 316 de diamètre ; il est l'inventeur de nombreux perfectionnements.

Avant ces inventions décisives, de nombreux savants avaient travaillé la question depuis les Romains jusqu'à nos jours ; on trouvera le résumé de ces travaux dans le livre intitulé *l'Invention de la turbine* par Marcel Crozet-Fourneyron. La turbine se compose toujours d'une partie fixe, directrice des courants d'eau et d'une partie mobile, motrice ou rotor.

Classification des turbines

Quand l'eau arrive par le centre de la roue et s'échappe par la circonférence, la turbine est dite *centrifuge* ; elle a l'inconvénient que sa dépense augmente avec sa vitesse de rotation, la force centrifuge formant comme une aspiration de l'eau.

Quand l'eau arrive par la circonférence et s'échappe par le centre de la roue, la turbine est dite *centripète* ; elle a l'avantage que son débit d'eau diminue quand sa vitesse augmente, la force centrifuge s'opposant au passage de l'eau, ce qui augmente le rendement et facilite le réglage.

Ces deux classes se divisent chacune comme suit :

1. - Turbines radiales : les deux roues, directrice fixe et motrice ou rotor, sont concentriques et l'eau agit dans un plan perpendiculaire à l'axe de la turbine.

2. - Turbines axiales ou parallèles : les deux roues sont superposées ; l'eau agit selon un cylindre parallèlement à l'axe de la turbine.

3. - Turbines mixtes. — L'eau entre parallèlement à l'axe et sort perpendiculairement ou, inversement, entre perpendiculairement et sort parallèlement à l'axe de la turbine.

On divise encore les turbines en :

1. - Turbines d'action ou **d'impulsion**, dans lesquelles l'eau arrive à grande vitesse ; ces turbines peuvent fonctionner à l'air, c'est-à-dire *non noyées* et sont alors dites à *libre déviation* ; ou *noyées*, c'est-à-dire à *injection totale*, elles sont alors appelées *turbines à veine moulée* ou *limite*.

2. - Turbines à réaction dans lesquelles l'eau arrive à faible vitesse, mais sous forte charge ; elles sont toujours noyées et leur rendement est généralement supérieur à celui des précédentes.

Dans l'installation d'une turbine, il faut considérer :

1°. La *chambre d'eau* qui se fait en maçonnerie, ouverte à l'air, pour les basses chutes, ou en bâche en tôle complètement close pour les moyennes et hautes chutes ;

2°. Le *vannage*, c'est-à-dire le dispositif permettant l'admission et l'arrêt de l'eau ;

3°. Le *pivot* ou l'arbre qui peut être lourdement chargé ;

4°. Le *régulateur automatique* limitant les écarts de vitesse selon la puissance prise sur l'arbre de la turbine. Nous étudierons spécialement ces régulateurs dans un chapitre séparé, mais nous décrirons quelques turbines-types avec leurs chambres d'eau et leurs vannages.

Axe

Les turbines de toutes catégories se font maintenant à axe vertical ou à axe horizontal ; dans ce dernier cas, la turbine est toujours noyée.

La turbine à axe vertical exige un pivot pouvant supporter une charge considérable, atteignant parfois 80 t et plus, quand un rotor d'alternateur est monté directement sur l'arbre de la turbine. La turbine à axe horizontal se prête très bien à la commande directe des machines, son arbre étant soutenu par deux paliers que l'on peut faire aussi résistants qu'il le faut et lubrifier abondamment ; elle est aussi plus facile à adapter aux très hautes chutes pour lesquelles on la préfère généralement.

Puissance des turbines

À pleine admission, une bonne turbine a un rendement R de 80 à 85 % ; à admission réduite, ce rendement tombe vers 55 à 65 % ; la puissance est donnée par P = QHR, Q étant le débit d'eau et H la hauteur de chute, déduction faite des pertes de charge dans la conduite d'amenée.

Théorie de la turbine. Tracé des aubes

Dans tout ce qui suivra, nous désignerons par :

- r_0 le rayon des aubages fixes ou directeurs du côté de l'entrée d'eau ;
- r le rayon commun au stator (couronne directrice) et au rotor (couronne mobile) de la turbine ;
- r' le rayon du rotor du côté de la sortie d'eau ;
- h la hauteur des aubages à l'entrée d'eau au rotor ;
- h' la hauteur des aubages à la sortie d'eau du rotor ;
- α l'angle de l'aubage du stator avec la tangente, à l'entrée d'eau dans le rotor ;
- β l'angle de l'aubage du rotor avec la tangente, à la sortie de l'eau ;
- γ l'angle de l'aubage du rotor avec la tangente à l'entrée de l'eau ;
- H la hauteur de chute, déduction faite des pertes de charge dans la tuyauterie d'amenée ;
- V la vitesse de l'eau à l'entrée de la couronne mobile (rotor) ;
- v la vitesse circonférentielle du rotor à sa couronne intérieure ;
- Q le débit d'eau par seconde ;
- P la puissance en chevaux ;
- R le rendement mécanique ;
- n le nombre de tours par minute.

Turbines semblables

On dit que deux turbines sont *géométriquement semblables* quand les angles α et β sont les mêmes et que les rapports v/V et h/r sont aussi les mêmes ; elles ont le même rendement théorique et toutes leurs dimensions sont proportionnelles. Si r est le rayon d'une turbine débitant Q sous une hauteur H et r' le rayon d'une turbine géométriquement semblable débitant Q' sous une hauteur H' on aura :

$$r' = \sqrt{\frac{Q'}{Q}\sqrt{\frac{H}{H'}}}$$

Ceci permet d'établir une turbine-type, pour laquelle on expérimente si elle donne le rendement désiré, puis toutes les autres s'en déduisent par des règles de proportions, sauf les petites modifications résultant du nombre et des épaisseurs des aubages.

Nombre de tours, vitesse spécifique de rotation

Connaissant la hauteur de chute H et le débit Q, il est possible de choisir, entre certaines limites, le nombre de tours le plus favorable à la construction, choix très important dont dépendent les frais d'installation et le rendement de la turbine ; les turbines rapides coûtent moins cher mais ont un rendement moindre que celles à rotation lente. On détermine d'abord une valeur de la vitesse, pour un type donné de turbine, qui soit indépendante de la hauteur de chute et du diamètre de la couronne mobile.

Pour cela, on sait que, pour un type donné de turbine, et pour différentes hauteurs de chute, le débit, la vitesse de l'eau et le nombre de tours sont proportionnels à $\sqrt{H}$; les valeurs $Q_1 = Q / \sqrt{H}$ et $n_1 = n / \sqrt{H}$ sont donc invariables pour une turbine donnée et peuvent être considérées comme débit et vitesse de régime sous une chute H = 1 m ; ces valeurs Q_1 et n_1 suffisent pour le calcul des dimensions d'une turbine.

Pour diverses turbines géométriquement semblables, on a $2r_1 = k_1 \sqrt{Q_1}$, c'est-à-dire que la section est proportionnelle au débit, k_1 étant un coefficient invariable.

On en déduit $n_1 = 60v / k_1\pi \sqrt{Q_1} = kQ / \sqrt{Q_1}$; kQ est invariable pour toutes les turbines de même vitesse. Mais on peut, à la place de Q_1, introduire la puissance en chevaux P_1 et on aura :

$$P_1 = 10 Q_1 \frac{R}{0,75} \text{ (R étant le rendement mécanique)}$$

$$n_1 = \frac{60v}{k_1 \pi} \times \sqrt{\frac{10R}{0,75}} \times \frac{1}{\sqrt{P_1}} = \frac{n_s}{\sqrt{P_1}}$$

ou :

$$n_s = n_1 \sqrt{P_1} = \frac{n\sqrt{P}}{H\sqrt[4]{H}} = \frac{n\sqrt{P}}{\sqrt[4]{H^5}}$$

n_s est la mesure de la vitesse ou du nombre de tours par minute du type de turbine considéré ; c'est le régime d'une turbine qui donne une puissance d'un cheval sous une chute d'un mètre. On nomme ce nombre de tours n_s : *vitesse spécifique* ou *nombre de tours spécifique* de la turbine considérée ; P_1 et Q_1 sont les valeurs à pleine admission.

Avec les turbines centripètes genre Francis, la vitesse spécifique minimum n_s = 50 tours par minute ; elle est de 150 à 200 pour les turbines à vitesse normale et d'environ 400 pour celles à marche rapide ; en mettant plusieurs roues parallèlement, on peut encore l'augmenter.

Avec les roues Pelton, la vitesse spécifique n_s = 35 environ avec un seul ajutage et augmente proportionnellement à la racine carrée du nombre des ajutages. Le nombre de tours peut toujours être diminué en donnant un plus grand diamètre à la roue.

Rendement

On améliore le rendement des turbines en les faisant à marche plus lente ; roues de plus grand diamètre ; en travaillant à pleine admission ; en employant des canalisations et des aubages parfaitement polis ; en faisant la sortie d'eau dans un tube vertical légèrement évasé (diffuseur) qui aspire l'eau à sa sortie de la turbine : cette aspiration ne peut se faire dans de bonnes conditions que si ce tube a moins de 8 m environ de hauteur (moindre que la pression atmosphérique, 10 m 33) et s'il plonge dans l'eau d'aval[3] ; en ce cas, le rendement de la turbine est le même que si elle utilisait toute la hauteur de chute entre les niveaux d'amont et d'aval ; enfin en donnant à l'eau une très faible vitesse dans les conduites, 1 m à 1 m 50 par seconde. Le rendement des grandes turbines est meilleur que celui des petites.

[3] L'emploi de l'aspirateur permet de soustraire la turbine au reflux des eaux d'aval, qui se produit en cas de crue des rivières de la vallée où se trouve le canal de fuite ; ce gros inconvénient est ainsi facilement évité sans perte de hauteur de chute ni de puissance.

Aubes

Les aubes doivent avoir un profil arrondi du côté de l'entrée d'eau et aminci du côté de la sortie ; elles auront ainsi la forme d'un poisson (fig. 81) qui est la meilleure pour éviter les remous et tourbillons : la Nature a donné au poisson la meilleure forme pour fendre l'eau ; le jeu entre le rotor et le stator doit être aussi réduit que possible.

Le nombre des aubes détermine l'épaisseur des lames d'eau qui doivent être bien guidées pour produire leur maximum d'action : cette épaisseur des lames d'eau ou espacement des aubes est généralement comprise entre 20 et 80 mm dans les turbines à faible débit ; dans celles à très grand débit, on arrive à 300 mm.

Le nombre des aubes motrices est généralement moins grand que celui des directrices.

Hauteur des couronnes

La hauteur de la couronne (h_0 fig. 78 à 80) est calculée suivant le rayon r pour que l'eau s'écoule dans la couronne directrice avec une faible vitesse ; on donne, à h, 3 à 5 mm de plus qu'à h_0 afin que l'eau ne jaillisse pas hors de l'entrée du rotor et on fait $h' = 1{,}5$ à 2 fois h_0.

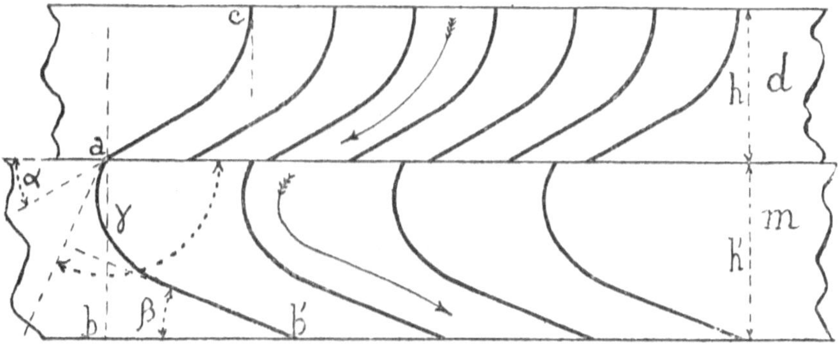

Fig. 80 - Schéma d'une turbine axiale.

Section et débit de la couronne directrice

Cette section est : $s = 2\pi rh - n'e'$, n' étant le nombre des cloisons directrices et e' leur épaisseur parallèlement au plan de rotation ; si e est leur épaisseur réelle et α l'angle d'inclinaison, on a :

$$e' = e / \sin \alpha$$

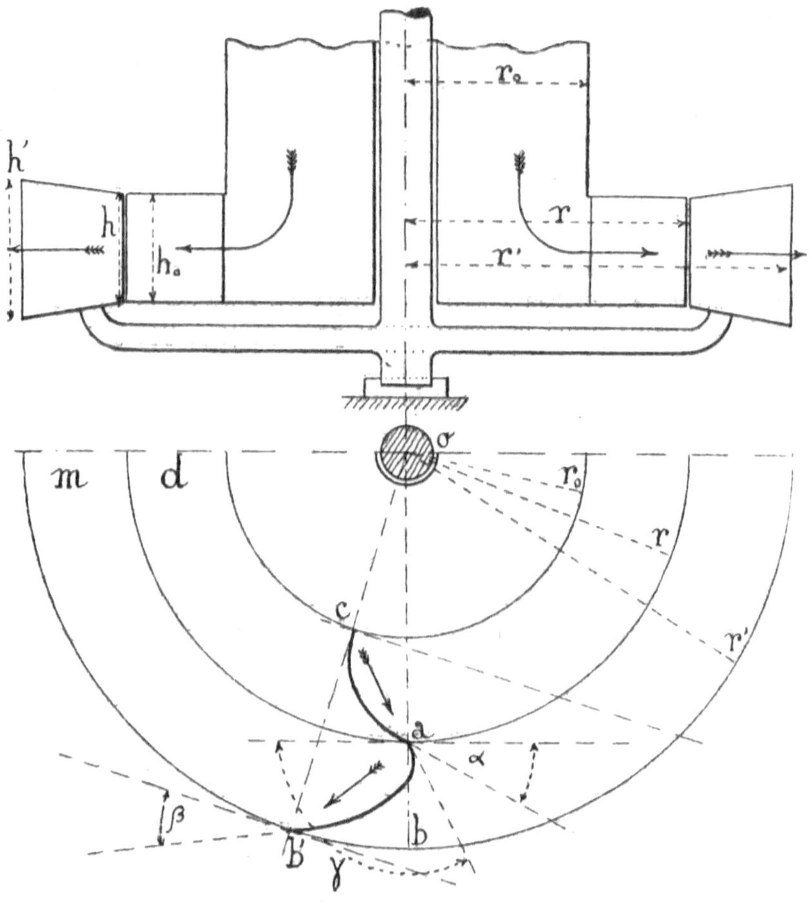

Fig. 78 - Schéma d'une turbine centrifuge.

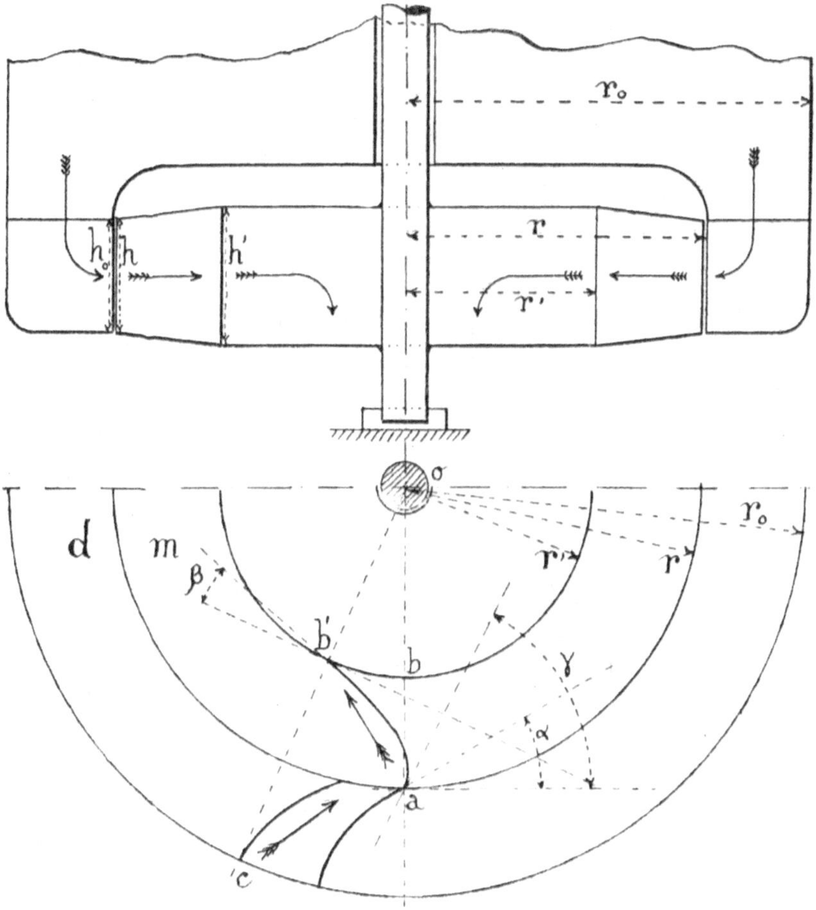

Fig. 79 - Schéma d'une turbine centripète ou mixte.

Dimensions de la couronne directrice

On déduit le rayon r et la hauteur h des expressions suivantes :

$$v = 2\pi rn / 60 = 0{,}50\sqrt{2gH} \qquad \textbf{(1)}$$

(v peut varier de 0,47 à 0,60 $\sqrt{2gH}$; M. Rateau estime que $v = 0{,}53 \sqrt{2gH}$ est le meilleur rendement.)

$$s = 2\pi rh - n'e' \qquad \textbf{(2)}$$

et

$$Q = 0{,}85 s\sqrt{2gH} \qquad \textbf{(3)}$$

0,85 étant le coefficient moyen de réduction de la section.

On connaît :

- Q débit d'eau ;
- H hauteur de chute ;
- n nombre de tours, que l'on fixe selon la nature des machines à commander.

On estime $n'e'$ entre 0,20 et 0,23 de s, l'expression **(2)** devient ainsi $s = \frac{4}{5}\, 2\pi rh$.

D'autre part, si nous appelons u la vitesse de l'eau dans la cuve du stator (partie fixe de la turbine), nous aurons $Q = \pi r_0{}^2 u$; u doit être plus petit que 1 m par seconde et le diamètre de la cuve sera $r_0 = \sqrt{Q / \pi u}$.

On fait généralement, figure 78 :

$r = 1{,}20$ à $1{,}50\ r_0$

$r' = 1{,}20$ à $1{,}50\ r$

on adopte :

Pour grand débit et petite chute : 1,33.

Pour moyen débit et moyenne chute : 1,35.

Pour grand débit et grande chute : 1,38.

On fait aussi :

$h_0 = 0{,}5$ à $0{,}10\ r$

et

$h' = h + 5$ mm

La vitesse de l'eau dans la couronne mobile est $u' = 0{,}85\sqrt{2gH}$, elle atteint $u' = 0{,}90\sqrt{2gH}$ avec des aubages très polis et dans les turbines centrifuges.

Le nombre de tours par minute :

$$n = \frac{60\sqrt{2gH}}{4\pi r \cos\alpha} \times 0{,}9$$

Tracé des aubages

L'eau traverse avec une faible vitesse la couronne directrice ; elle jaillit dans la couronne mobile où sa vitesse se transforme en travail. Nous ne ferons pas ici la théorie de cette transformation et nous nous bornerons à donner des indications pratiques sur la forme des aubages dans les trois types principaux de turbines (fig. 78 à 80).

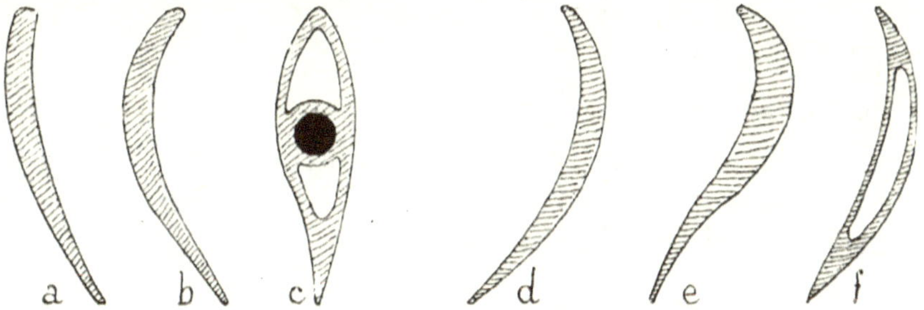

Fig. 81 - Sections d'aubages de turbines.
a, *b*, aubages directeurs fixes ; *c*, aube directrice mobile autour d'un axe ; *d*, *e*, *f*, aubages de couronne mobile, renflés au milieu pour augmenter la contraction de l'eau ; quand ces aubages sont très importants et épais, on les allège par un vide intérieur, comme en *f*.

1. - Aubages directeurs. — La courbe part du point *c* tangentiellement au rayon *oc*, figures 78 et 79 (turbines radiales), ou perpendiculairement au plan de la couronne, figure 80 (turbine axiale) ; elle atteint la circonférence commune aux deux couronnes en *a*, figures 78 et 79, sous un angle α avec la tangente dont la valeur doit être comprise entre 15 et 30 degrés pour les turbines à petite vitesse et entre 30 et 60 degrés pour celles à grande vitesse ; pour les turbines axiales, figure 80, l'angle α est celui fait par la tangente à la courbe avec le plan de la couronne.

2. - Aubages mobiles. — La courbe part du point *a* en faisant avec la tangente un angle γ qui, pour le meilleur rendement, doit être de 90 degrés ; mais pour grandes vitesses de rotation, on fait, dans les turbines centrifuges et axiales, $\gamma = 90° + \alpha$ (fig. 78 et 80) et, dans les turbines centripètes $\gamma = 90° - \alpha$ (fig. 79), la valeur de α ne dépassant pas 25 à 30 degrés ; on a donc :

γ compris entre 90° + 1 à 30° pour les turbines centrifuges et axiales.

Et γ compris entre 90 - 1 à 30° pour les turbines centripètes.

La courbe de l'aubage mobile aboutit en *b* sous un angle β avec la tangente, qui varie de 20 degrés à 30 degrés ; le rendement est meilleur quand β est petit, mais cela suppose une rotation lente et, pour une rotation rapide, on est obligé de donner à cet angle une valeur suffisante pour l'écoulement rapide de l'eau.

Nota. — Les courbes directrices et mobiles sont, selon les constructeurs, des arcs de cercle ou de parabole ; les aubes ont le plus souvent une forme hélicoïdale facilitant la sortie de l'eau ; on prolonge les aubes par une partie rectiligne pour que l'eau prenne bien la direction des angles.

Turbine Fontaine

C'est une turbine axiale parallèle représentée démontée et installée dans une chambre d'eau en maçonnerie, figures 82 à 84 ; ces turbines se mettent aussi en bâche close en tôle ;

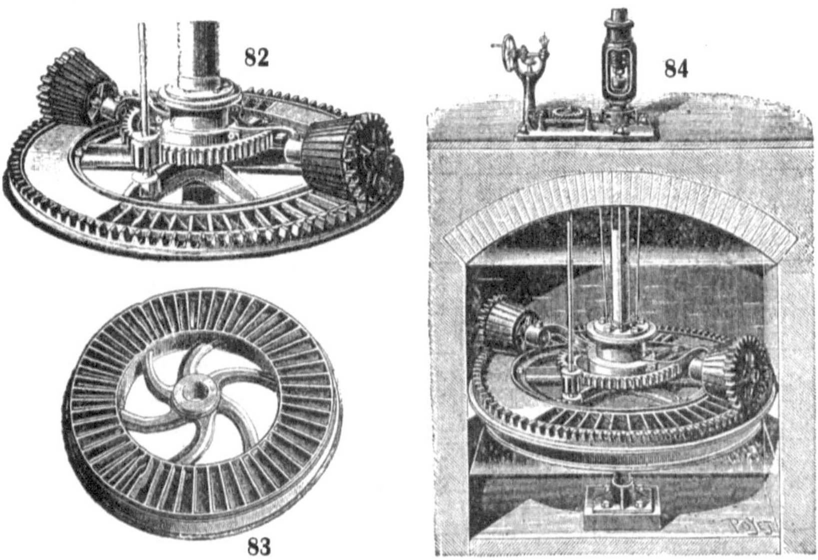

Fig. 82, 83 e 84 - Turbine Fontaine.

Tableau indiquant les débits d'eau par seconde, la puissance en chevaux et la vitesse en tours par minute des turbines fontaine pour chutes de 1 à 4 mètres.

Numéros des turbines	CHUTES	1m000	1m500	2m000	2m500	3m000	3m500	4m000
30	Débit	»	»	108	125	140	153	165
	Chevaux	»	»	2.00	2.90	3.90	5.00	6.15
	Tours	»	»	53	62	68	75	80
31	Débit	400	476	525	630	705	772	834
	Chevaux	3.20	6.65	9.10	16.70	19.75	25.20	31.15
	Tours	28	32	35	40	45	49	53
32	Débit	814	967	1108	1280	1433	1560	1690
	Chevaux	6.50	13.55	20.70	29.85	40.10	51.00	63.00
	Tours	26	29	32	36	41	43	47
33	Débit	1208	1436	1645	1900	2120	2330	2510
	Chevaux	9.65	20.10	30.70	44.35	59.00	76.00	93.00
	Tours	24	27	29	34	38	41	44
34	Débit	1590	1890	2165	2500	2800	3060	3310
	Chevaux	12.45	26.45	40.00	58.00	78.00	100.00	123.00
	Tours	22	25	27	32	36	39	42
35	Débit	2098	2494	2857	3300	3690	4040	4360
	Chevaux	16.70	34.90	53.00	77.00	100.00	130.00	160.00
	Tours	20	23	25	29	32	35	38
36	Débit	2798	3320	3810	4400	4920	5390	5820
	Chevaux	22.40	46.50	70.00	100.00	130.00	170.00	210.00
	Tours	18	20	22	25	29	31	34
37	Débit	4890	5820	6660	7700	8620	»	»
	Chevaux	39.00	80.00	120.00	170.00	240.00	»	»
	Tours	16	18	20	22	24	»	»
38	Débit	6500	7600	8700	9800	11300	»	»
	Chevaux	52.00	92.00	140.00	200.00	280.00	»	»
	Tours	14	16	18	20	22	»	»
39	Débit	8000	9500	10800	12000	»	»	»
	Chevaux	64.00	112.00	175.00	240.00	»	»	»
	Tours	12	14	16	18	»	»	»
40	Débit	10000	11800	13500	15000	»	»	»
	Chevaux	80.00	140.00	220.00	300.00	»	»	»
	Tours	10	12	14	16	»	»	»

La turbine Fontaine se compose d'un disque à aubes directrices (fig. 82) traversé en son centre par l'arbre du disque moteur (fig. 83) qui est en dessous du premier.

Le vannage est constitué par deux tabliers en cuir hydrofuge armé de palettes en tôle, qui s'enroulent sur deux troncs de cône, fous sur deux axes solidaires d'une roue dentée qui est commandée par un pignon et un mécanisme à manivelle, figure 85 ; ce vannage permet de donner admission partielle ou totale selon l'effort nécessaire.

Le pivot peut être sous l'eau ou hors de l'eau, des modèles représentés figures 91 et 92.

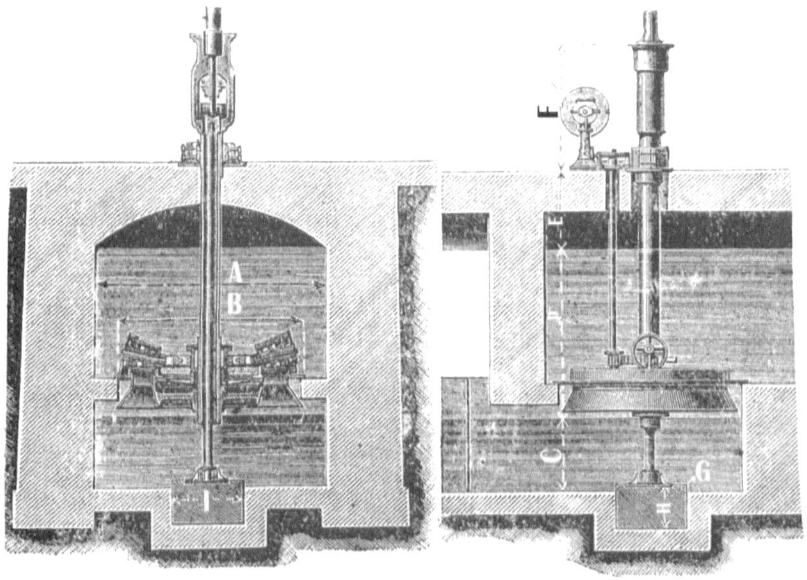

Numéros des Turbines	A	B	C	D	E	F	G	H	I
30	1.500	1.260	»	Chute	0.500	0.600	0.050	0.400	0.500
31	2.200	1.770	»	»	0.500	0.800	0.100	0.400	0.500
32	2.700	2.020	»	»	0.500	0.800	0 100	0.500	0.600
33	3.000	2.180	»	»	0.600	0.900	0.100	0.500	0.600
34	4.000	2.330	»	»	0.600	1 000	0.100	0.600	0.700
35	5.000	2.540	»	»	0.700	1.200	0.100	0.600	0.800
36	6.000	2.820	»	»	0.700	1.400	0.150	0.600	0.800
37	7.000	3.435	»	»	0 800	1.500	0.150	0.700	1.000
38	8.000	3.700	»	»	0.800	1.600	0.200	0.800	1.000
39	9.000	4.200	»	»	0.900	1.700	0.200	0.900	1.100
40	10.000	5.000	»	»	1.000	1.800	0.250	1.000	1.250

Fig. 85 - Installation et dimensions de la turbine Fontaine.

Ces turbines sont intéressantes dans le cas de basses chutes, 1 à 4 m, à débit et hauteur de chute variables ; elles sont d'un grand diamètre et tournent très lentement ; les tableaux ci-après en donnent les dimensions caractéristiques.

Dimensions des turbines Fontaine et de leurs chambres d'eau

La hauteur C variant pour chaque cas, suivant la hauteur de chute et le débit correspondant, ne peut être fixée sur ce tableau. Mais on peut l'obtenir par la formule suivante : C = Q / A × V dans laquelle Q représente le débit d'eau à la seconde, A la largeur de la chambre indiquée au tableau, et V la vitesse de l'eau qui doit être de 0,500 à 0,700.

Exemple : On a comme chute 1 m 500 et comme débit Q = 1436 litres, ce qui correspond à la turbine n° 33. Sur le tableau, la largeur de la chambre A indiquée est de 3 m, on a donc en adoptant la vitesse V = 0,500, la plus favorable, une profondeur :

$$C = 1{,}436 / (3{,}000 \times 0{,}500) = 0 \text{ m } 957$$

Dans le cas où l'on se trouve gêné par des murs existants ou par des considérations importantes, on peut prendre la vitesse V = 0,800 comme limite extrême.

Les turbines *Jonval, Jonval-Kœchlin, Girard, Schavaber,* sont des axiales parallèles à axe vertical ; on peut les faire fonctionner en siphon, c'est-à-dire en bâche avec diffuseur aspirateur d'eau quand la turbine doit être installée au-dessus du niveau d'aval.

Rendement. — Il atteint 85 % quand les aubes sont bien polies et que la turbine fonctionne noyée mais, à admission réduite, le rendement s'abaisse entre 70 et 75 %.

On construit ces turbines en bâche jusqu'à 50 m de chute.

Turbines mixtes dites américaines, centripètes

Ces appareils conviennent aux basses et moyennes chutes, on les fait en chambres d'eau en maçonnerie pour basses chutes et en bâche avec conduites forcées pour chutes jusqu'à 50 m.

Le rotor comporte, selon sa hauteur, une ou plusieurs couronnes d'aubes dans lesquelles l'eau entre par la circonférence et sort parallèlement à l'axe ; les directrices forment une couronne concentrique enveloppant le rotor et le vannage est constitué par un cylindre F, figure 91, qui

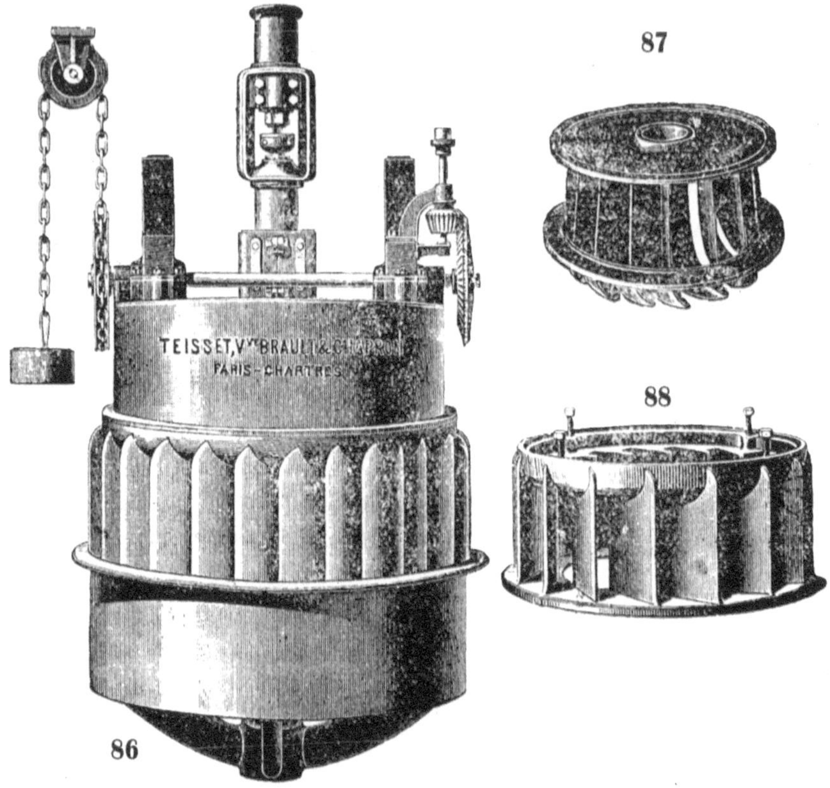

Fig. 86, 87 et 88 - Turbine américaine centripète et ses aubages.

descend à l'intérieur des aubages directeurs ; ce cylindre est soutenu par deux crémaillères I mues par un mécanisme à main avec contrepoids d'équilibrage. La figure 86 montre l'ensemble d'une de ces turbines et les figures 91 et 92 les coupes de deux modèles, l'un avec pivot sous l'eau et l'autre avec pivot hors de l'eau. Le pivot sous l'eau tourne sur un bloc B en bois de gaïac ; le pivot hors de l'eau comporte un arbre creux E, figure 91, qui repose par le pivot P sur un grain en bronze à bain d'huile contenue dans un gobelot.

La figure 88 montre la couronne directrice et la figure 87 le rotor, démontés.

Dans les turbines *Laurent-Collot*, le vannage cylindrique est extérieur aux aubes directrices.

Ces turbines se construisent maintenant avec directrices mobiles autour d'axes verticaux, comme représenté figures 96 et 97 ; l'ouverture

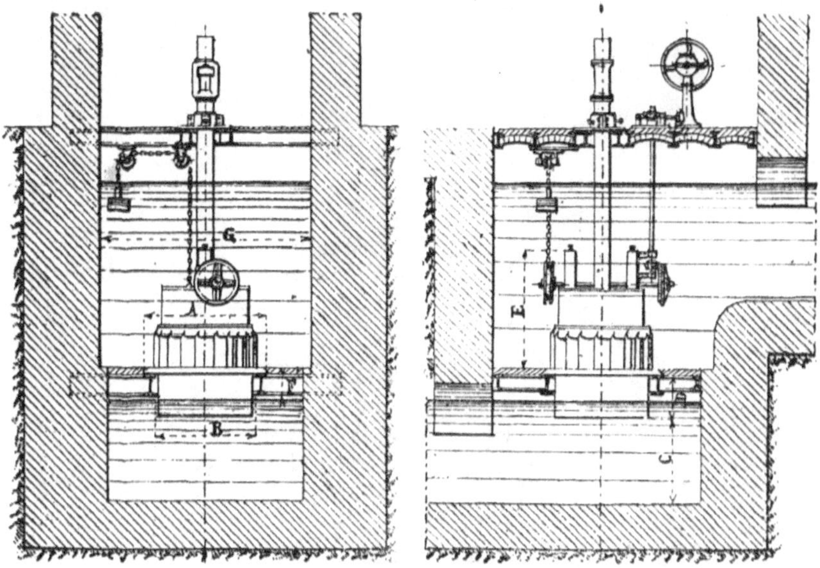

Numéros de Séries des Turbines	DIMENSIONS DES TURBINES						
	A	B	C	D	E	F	G
0	580	430	450	220	320	30	900
1	580	430	450	220	340	30	900
2	630	470	500	250	470	40	1.000
3	730	580	550	270	840	50	1.200
4	850	700	600	270	980	60	1.400
5	950	780	650	325	1.090	70	1.600
6	1.050	880	700	350	1.240	80	1.800
7	1.150	980	770	375	1.320	90	2.000
8	1.230	1.080	850	400	1.430	100	2.200
9	1.330	1.180	925	425	1.550	110	2.400
10	1.450	1.280	1.000	450	1.660	120	2.600
11	1.550	1.380	1.070	475	1.740	130	2.800
12	1.650	1.480	1.150	500	1.940	140	3.000
13	1.750	1.580	1.220	525	2.100	160	3.200
14	1.850	1.680	1.300	550	2.180	180	3.400
15	1.950	1.780	1.370	575	2.180	200	3.600
16	2.050	1.880	1.450	600	2.230	220	3.800
17	2.170	1.980	1.520	625	2.260	240	4.000
18	2.300	2.080	1.600	650	2.340	260	4.200
20	2.580	2.350	1.750	680	2.650	300	4.700
22	2.900	2.680	1.900	720	2.900	340	5.000

Fig. 89 - Turbine américaine ; proportions des chambres d'eau selon le diamètre B de la turbine.

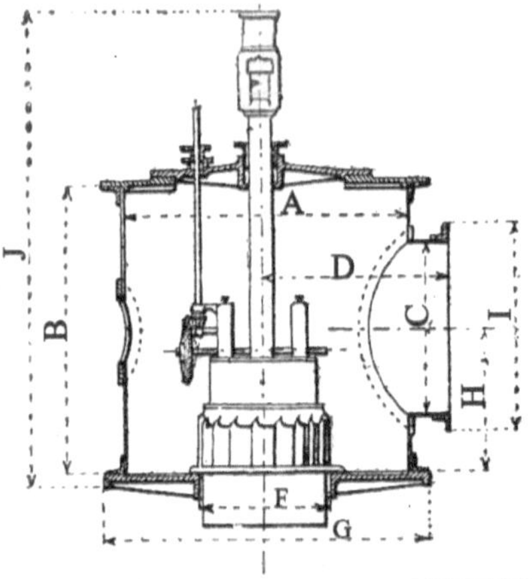

Numéros de Séries des turbines	DIMENSIONS PRINCIPALES									POIDS APPROXIMATIFS
	A	B	C	D	F	G	H	I	J	kil.
0	840	1.100	500	625	400	1.050	560	670	1.500	600
1	850	1.100	550	625	430	1.050	560	720	1.600	650
2	950	1.200	600	700	450	1.200	600	770	1.700	800
3	1.350	1.300	700	880	550	1.500	650	870	2.250	1100
4	1.350	1.500	850	880	650	1.500	750	920	2.500	1550
5	1.550	1.700	1.000	1.000	750	1.750	850	1.170	2.750	2000
6	1.650	1.850	1.150	1.050	850	1.850	925	1.320	2.900	2500
7	1.750	2.000	1.300	1.100	950	1.950	1.000	1.470	3.100	3000
8	1.850	2.100	1.400	1.150	1.050	2.050	1.050	1.570	3.200	3500
9	1.950	2.150	1.500	1.200	1.150	2.150	1.075	1.670	3.300	4000
10	2.050	2.200	1.600	1.250	1.250	2.250	1.100	1.770	3.400	4500
11	2.150	2.250	1.700	1.300	1.350	2.350	1.125	1.870	3.500	5000

Fig. 90 - Turbine en bâche ; proportions de la bâche selon le diamètre F de la turbine.

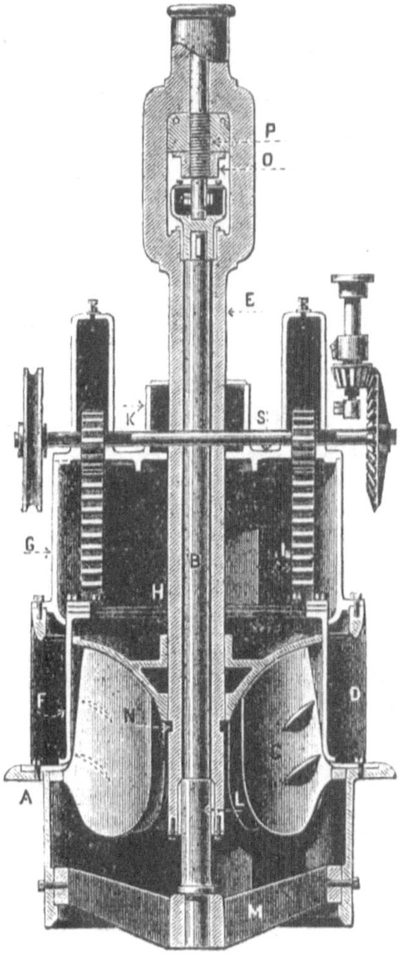

Fig. 91 - Pivot hors de l'eau

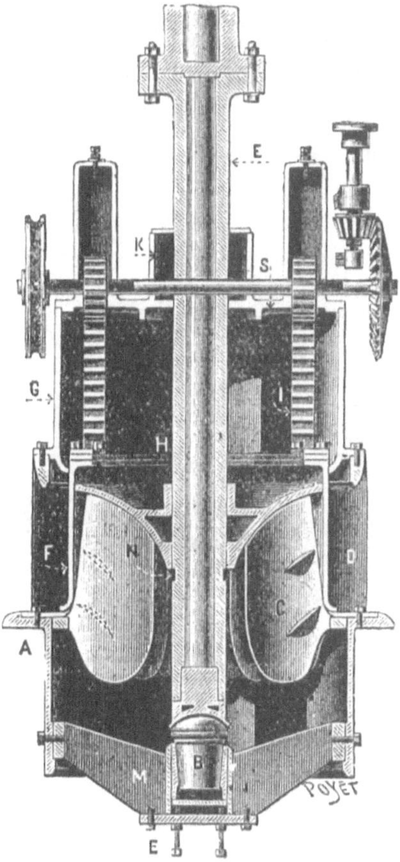

Fig. 92 - Pivot sous l'eau.

et la fermeture des volets formant les aubes directrices se fait au moyen de biellettes articulées sur une grande couronne commandée par un engrenage qui peut-être mû à la main ou mis sous la dépendance d'un régulateur automatique.

On fait aussi des turbines de ce système à axe horizontal, à bâche en spirale comme on le voit figure 98 et 99 ; on les emploie pour les hautes chutes. Le tableau ci-après donne les caractéristiques de quelques-unes de ces turbines à moyenne vitesse pour chutes jusqu'à 15 m, d'après MM. Teisset et Rose-Brault. Le rendement de ces turbines atteint en moyenne 80 %. Les figures 93,100 et 101 montrent l'installation des chambres d'eau pour turbines à axe vertical et horizontal à niveau du bief d'amont pour basses chutes et les figures 94 et 95 les bâches en tôle pour hautes chutes.

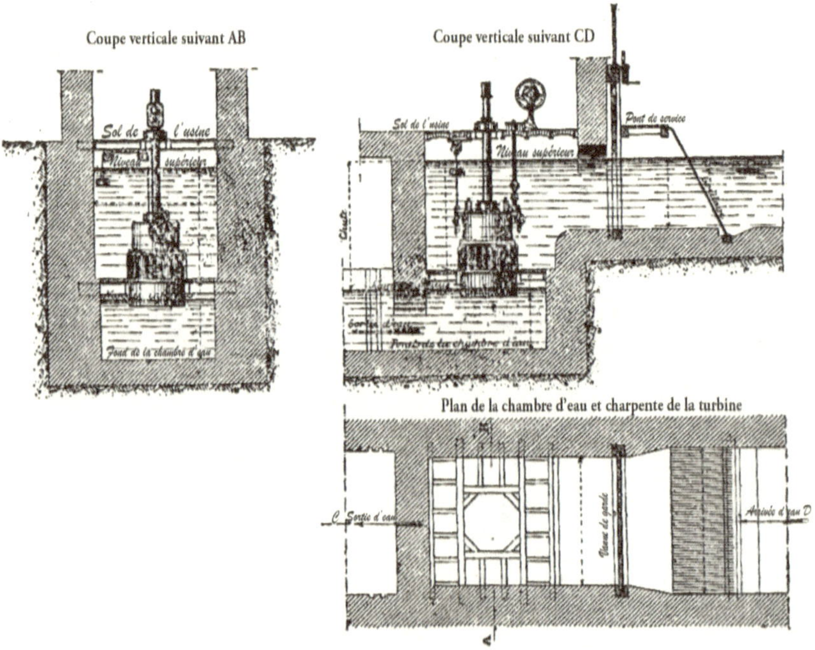

Fig. 93 - Turbine en chambre d'eau pour basse chute.

Turbine Francis

Ce genre de turbine, généralement préféré, est du type centripète à réaction, injection totale, admission radiale et sortie plus ou moins axiale ; le réglage se fait au moyen d'aubages distributeurs mobiles autour

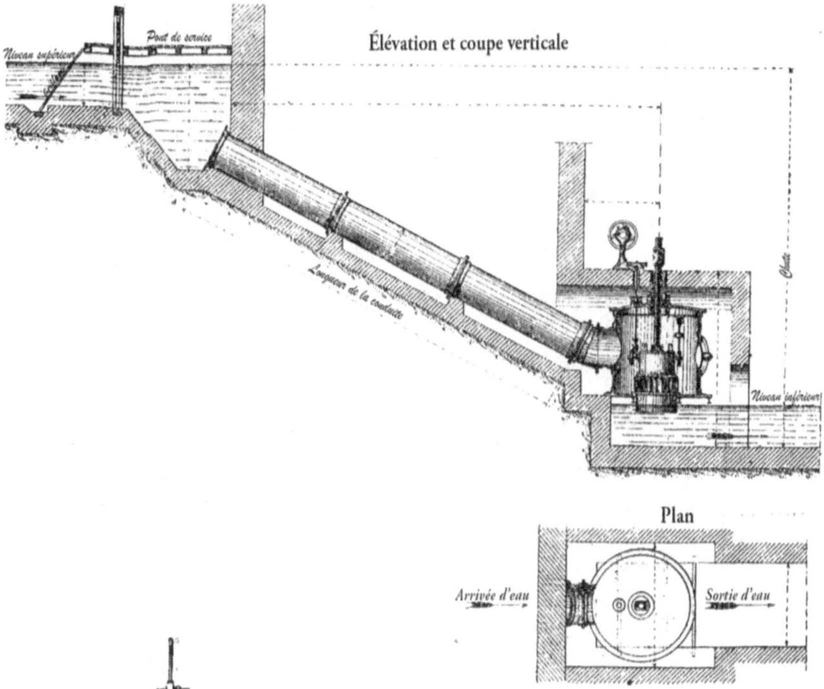

Fig. 94 - Turbine en bâche pour haute chute.

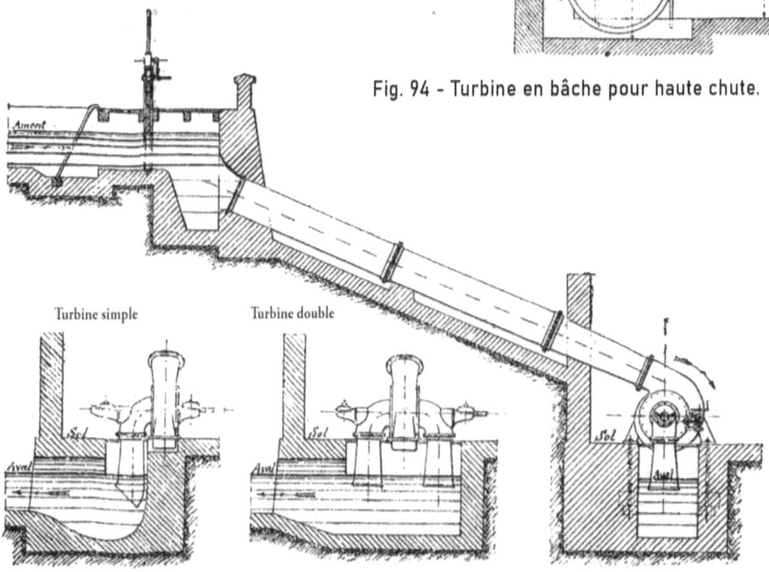

Fig. 95 - Turbine horizontale centripète pour haute chute.

Tableau des débits d'eau par seconde, de la puissance en chevaux et du nombre de tours par minute, des Turbines centripètes à axe vertical G. V. de MM. Teisset et Rose-Brault.

Chutes		45 r	45	55 r	55	65 r	65	75	85	95	105	115	125	135	145	155	165	175	185	195	205	215
0.800	Débit	228	321	375	486	571	698	934	1200	1492	1815	2185	2650	3090	3570	4070	4610	5190	5810	6450	7140	7850
	Force	1,88	2.66	3,11	4,02	4,72	5.78	7.75	9,96	12,35	15.05	18,05	22,00	25 60	29,60	33,80	38,25	43,00	48,20	53,60	59,25	65,00
	Vitesse	134	134	108	108	92	92	80	71	63	57	52	48	44	41	39	35	34	32	33	29	28
1.000	Débit	255	360	420	545	640	780	1045	1340	1670	2030	2450	2970	3460	4000	4560	5180	5820	6500	7210	8000	8760
	Force	2,65	3.74	4.36	5.66	6,66	8.00	10.86	13.93	17.38	21.15	25,50	30.90	36.00	41.60	47,50	53,90	60 50	67,60	75,00	83,10	91,30
	Vitesse	150	150	122	122	103	103	90	79	71	64	58	54	50	46	43	41	38	36	34,5	33	31
1.250	Débit	286	402	470	608	717	870	1165	1500	1860	2265	2740	3320	3870	4470	5100	5790	6510	7270	8080	8950	9800
	Force	3.72	5.23	6.12	7.90	9,31	11.33	15.15	19.50	24.20	29.50	35,60	43.20	50,30	58.15	66.20	75,10	84,60	94,40	104.80	116.25	127,40
	Vitesse	168	168	137	135	116	116	100	89	79	72	65	60	56	52	48	45	43	40	38	36	35
1.500	Débit	312	440	513	665	783	955	1285	1640	2045	2470	3000	3633	4240	4900	5590	6320	7130	7960	8830	9790	10760
	Force	4.87	6.88	8,02	10,35	12,25	14.92	20 10	25,65	31 80	38,50	46.90	56.75	66.10	76,70	87,20	98,80	111,50	124,25	138.10	153	168
	Vitesse	183	183	150	150	126	126	110	97	87	79	72	66	61	57	53	50	47	44	42	40	38
1.750	Débit	338	475	555	720	848	1035	1380	1775	2210	2680	3240	3930	4580	5300	6040	6840	7700	8610	9550	10600	11620
	Force	6,15	8,63	10,10	13.10	15,40	18.80	25.15	32.25	40.20	48,70	59.00	71,60	83,20	96,30	110,00	124,60	140 00	156,50	173,80	193	212
	Vitesse	198	198	162	162	135	135	119	105	94	85	78	71	65	61	57	54	51	48	45	43	41
2.000	Débit	361	508	593	770	905	1100	1480	1895	2360	2870	3460	4200	4930	5640	6450	7310	8240	9200	10200	11300	12420
	Force	7,50	10 58	12.30	16.00	18.90	22,90	30.75	39.40	49.20	59 50	71,90	87,20	102,00	117,00	134,00	152,00	171,25	191,00	211,50	235	258
	Vitesse	212	212	173	173	143	143	127	112	100	91	83	76	71	[illegible]	61	58	54	51	48	46	44
2.250	Débit	382	540	630	818	960	1170	1570	2010	2510	3050	3680	4450	5190	6000	6840	7770	8730	9750	10820	12000	13170
	Force	8,94	12,62	14,75	19,10	22,45	27.30	36.75	47,00	58,60	71,30	86.00	104,25	121,50	140,00	160,00	181,50	204,50	228	253	281	308
	Vitesse	225	225	183	183	155	155	135	119	106	95	88	81	75	70	65	61	58	54	51	49	47
2.500	Débit	404	570	665	862	1015	1235	1655	2125	2640	3220	3880	4690	5480	6320	7210	8200	9200	10270	11400	12620	13870
	Force	10,50	14.80	17,25	22,40	26,40	32,00	43,00	55,30	68,50	83,60	101,00	122,00	142,20	164,00	187,50	213	239	267	296	328	361
	Vitesse	237	237	193	193	164	164	143	125	112	101	93	85	79	73	69	64	61	57	54	52	50
3.000	Débit	442	623	728	940	1110	1350	1810	2320	2880	3510	4250	5140	6000	6920	7900	8940	10050	11250	12500	13830	15200
	Force	13,80	19,45	22,60	29,30	34 60	42.20	56,60	72,70	90.00	109,80	132,60	160,00	187,00	216,00	246,50	279	313	351	390	431	475
	Vitesse	260	260	212	212	180	180	156	137	123	111	102	93	87	[illegible]	75	71	67	63	59	57	54
3.500	Débit	478	672	785	1020	1200	1455	[illegible]	2510	3130	3790	4580	5550	6480	7490	8520	9700	10870	12180	13480	14960	16400
	Force	17.40	24.45	28,55	37,10	43.60	53.00	71,00	91.30	113,50	138,00	167,00	201,50	235,50	272	310	353	395	442	490	544	597
	Vitesse	281	281	229	229	193	193	168	149	133	120	110	101	94	87	81	77	72	63	64	61	59

4.000	Débit	510	720	840	1090	1280	1520	2090	2680	3340	4060	4900	5940	6920	8000	9120	10360	11640	13000	14420	16000	17560
	Force	21,20	29,92	34,88	45,28	53,30	64,00	86,90	111,44	139,00	169,20	204,00	247	288	332	380	431	484	541	600	663	730
	Vitesse	300	300	245	245	207	207	180	159	142	128	117	108	100	99	87	82	77	73	69	66	63
4.500	Débit	541	762	890	1155	1355	1655	2220	2840	3550	4310	5200	6310	7350	8490	9680	11000	12390	13800	15300	16980	18620
	Force	25,30	35,70	41,60	53,90	63,20	77,25	103,80	133	166	201	243	295	343	396	452	513	579	645	715	791	870
	Vitesse	318	318	260	260	220	220	191	169	150	137	125	115	106	99	92	87	82	77	73	70	67
5.000	Débit	572	804	940	1215	1435	1740	2330	3000	3720	4530	5480	6640	7740	8940	10200	11580	13020	14540	16160	17900	19600
	Force	29,76	41,84	49,00	63,20	74,50	90,50	121,00	156	193	236	285	345	402	456	530	601	678	755	838	930	1019
	Vitesse	336	336	274	274	232	232	200	178	158	144	131	120	112	104	97	92	86	81	77	74	70
6.000	Débit	624	880	1026	1330	1565	1910	2570	3280	4090	4940	6000	7260	8480	9800	11180	12640	14260	15920	17660	19580	21520
	Force	39,00	55,00	64,15	82,80	98,00	119,40	160,80	205	254	308	375	454	529	613	698	790	892	974	1105	1224	1344
	Vitesse	366	366	300	300	252	252	220	194	174	158	143	132	122	114	107	100	94	89	84	81	77
7.000	Débit	676	950	1110	1440	1695	2070	2760	3550	4420	5360	6480	7860	9160	10600	12080	13680	15400	17220	19100	21200	23240
	Force	49,20	69,05	80,80	104,85	123,25	150,50	201,20	258	321	389	472	573	666	770	880	997	1120	1252	1390	1543	1696
	Vitesse	396	396	324	324	270	290	238	210	188	170	155	142	132	123	115	108	102	96	91	87	83
8.000	Débit	722	1015	1185	1540	1810	2200	2960	3790	4720	5740	6920	8400	9800	11300	12900	14620	16480	18400	20400	22600	24840
	Force	60,00	84,60	98,50	128,00	150,00	183,20	246,00	315	393	476	575	698	816	936	1072	1216	1370	1528	1692	1880	2064
	Vitesse	424	424	346	346	286	286	254	224	200	182	166	152	141	132	123	116	109	103	98	93	89
9.000	Débit	764	1080	1260	1635	1920	2340	3140	4020	5020	6100	7360	8900	10380	12000	13680	15540	17460	19500	21640	24000	26340
	Force	71,50	101,00	118,00	152,80	179,60	218,50	293	376	468	570	688	834	972	1122	1281	1452	1635	1826	2028	2246	2468
	Vitesse	450	450	366	366	310	310	270	238	212	192	176	162	150	140	131	123	116	110	104	99	94
10.000	Débit	808	1140	1330	1725	2030	2470	3310	4250	5280	6440	7760	9380	10960	12640	14420	16400	18400	20540	22800	25240	27740
	Force	84,00	118,40	138,00	179,25	211,00	256	344	442	548	668	808	976	1138	1312	1500	1700	1912	2136	2370	2620	2890
	Vitesse	474	474	386	386	328	328	284	250	224	202	186	170	158	147	138	130	122	115	109	104	100
11.000	Débit	846	1195	1390	1805	2120	2590	3470	4450	5550	6750	8150	9860	11440	13280	15120	17190	19300	21550	23950	26500	29100
	Force	96,70	137,00	159,00	207	243	296	397	510	633	772	932	1127	1310	1517	1732	1963	2210	2460	2740	3030	3335
	Vitesse	498	498	405	405	344	344	288	262	235	212	196	180	166	155	145	136	128	121	114	110	104
12.000	Débit	884	1245	1450	1880	2220	2700	3620	4640	5720	7020	8500	10280	12000	13840	15800	17880	20100	22500	25000	27650	30400
	Force	110,50	156,00	181	235	277	337,50	452	581	720	878	1060	1280	1496	1730	1972	2232	2515	2800	3120	3450	3800
	Vitesse	520	520	424	424	360	360	312	274	246	222	203	187	173	161	151	142	134	126	120	114	109
13.000	Débit	920	1300	1520	1960	2305	2810	3770	4830	6030	7330	8830	10700	12480	14420	16420	18620	20950	23450	26000	28800	31600
	Force	124,50	175,75	205	265	312	380	511	654	815	990	1193	1445	1688	1950	2225	2520	2830	3165	3515	3890	4275
	Vitesse	542	542	442	442	374	374	325	287	256	232	213	196	181	168	157	148	140	132	124	119	114
14.000	Débit	956	1350	1575	2040	2400	2920	3900	5020	6260	7580	9160	11100	12960	14980	17040	19400	21750	24350	26950	29920	32800
	Force	139,25	195,50	229,00	297	349	424	568	730	908	1105	1335	1612	1885	2170	2485	2820	3170	2535	3920	4350	4780
	Vitesse	562	562	458	458	386	386	336	288	266	240	219	202	187	174	167	153	144	136	129	123	118
15.000	Débit	988	1395	1625	2110	2480	3020	4030	5200	6480	7830	9490	11490	13400	15500	17650	20100	22550	25200	27900	31000	34000
	Force	154	217	253	329	386	471	629	811	1010	1222	1480	1790	2090	2415	2655	3140	3530	3930	4350	4820	5310
	Vitesse	580	580	475	475	401	401	349	308	275	250	228	210	194	180	169	159	150	141	134	128	122

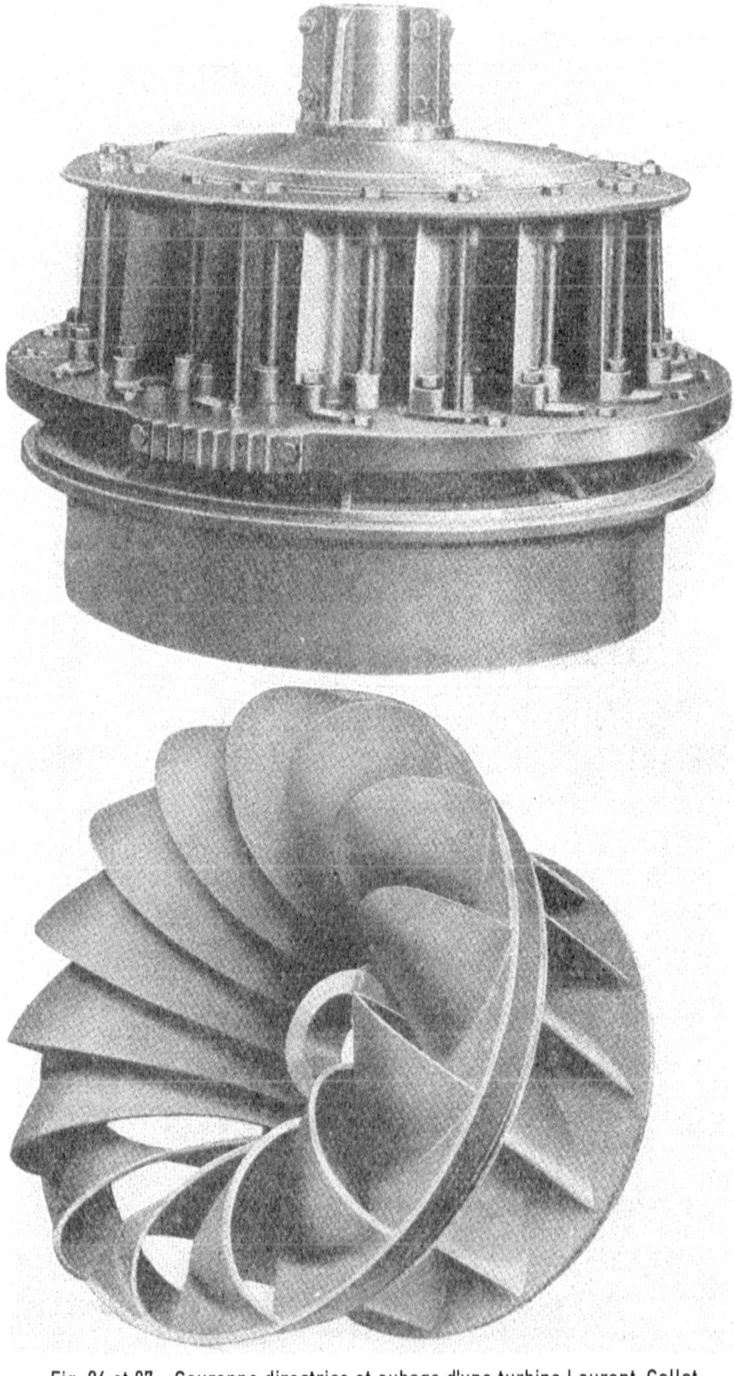

Fig. 96 et 97 - Couronne directrice et aubage d'une turbine Laurent-Collot.

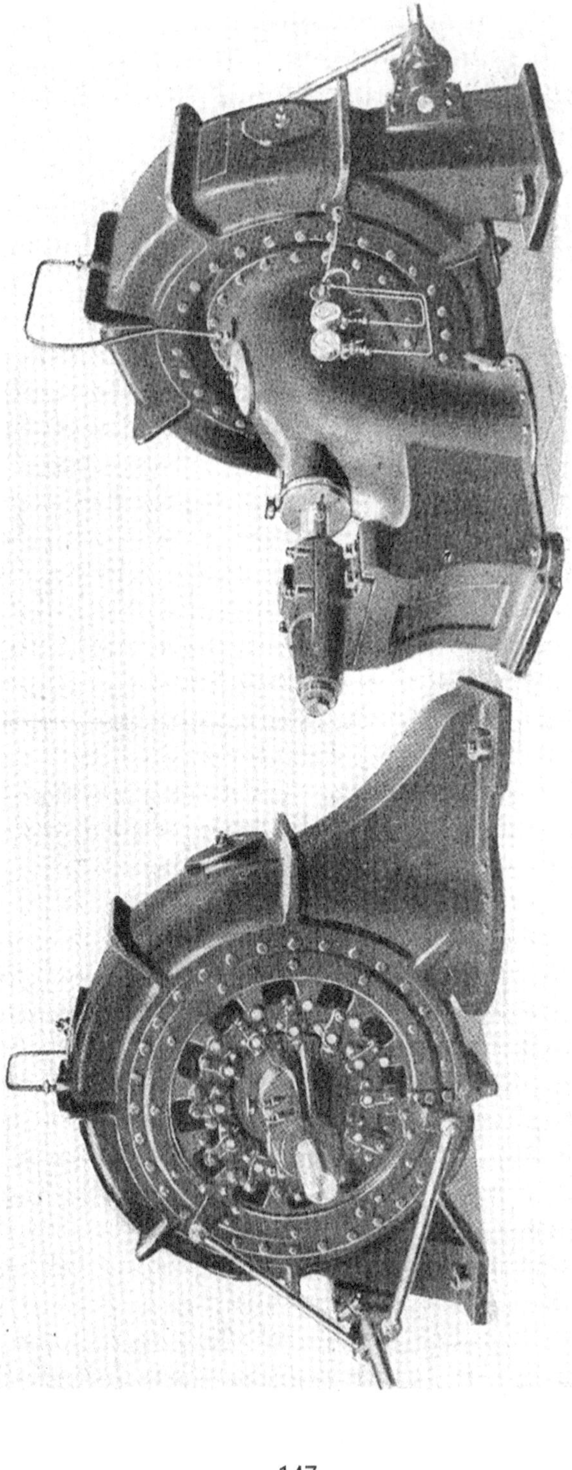

Fig. 98 et 99 - Turbine horizontale pour hautes chutes.
Fig. 98 - Vue côté mouvement des directrices.
Fig. 99 - Vue côté de la sortie d'eau.

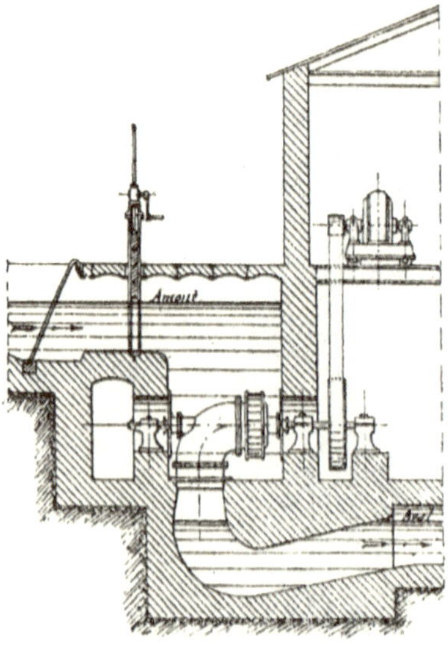

Fig. 100 - Turbine horizontale pour basse chute.

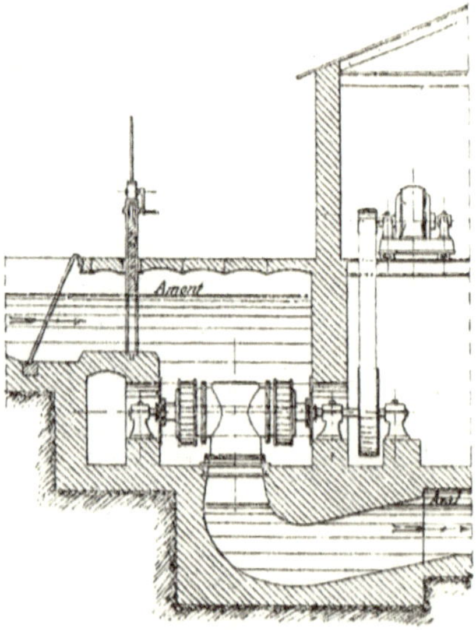

Fig. 101 - Deux turbines horizontales conjuguées pour basse chute.

Fig. 102 - Turbine Francis de 6000 CV.

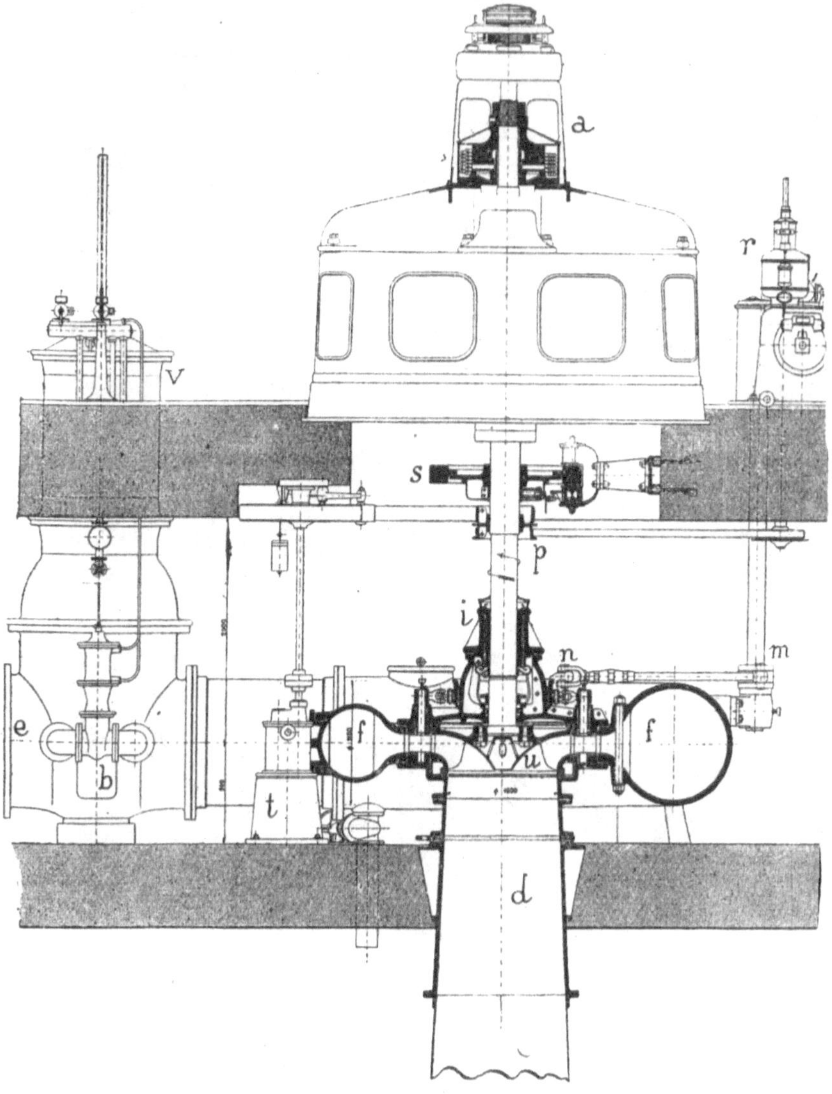

Fig. 103 - Turbine Francis de 6000 CV.

a, palier de butée ; **r**, régulateur à servomoteur ; **s**, frein à sabot ; **p**, poulies actionnant le régulateur ; **i**, palier-boîtard ; **m**, **n**, bielle actionnant les aubes directrices ; **ff**, bâche spirale ; **u**, roue motrice ; **d**, aspirateur-diffuseur ; **t**, roue Pelton actionnant la pompe à huile du régulateur ; **e**, arrivée d'eau forcée ; **b**, by-pass sur la conduite forcée ; **v**, vanne d'arrêt de la conduite forcée.

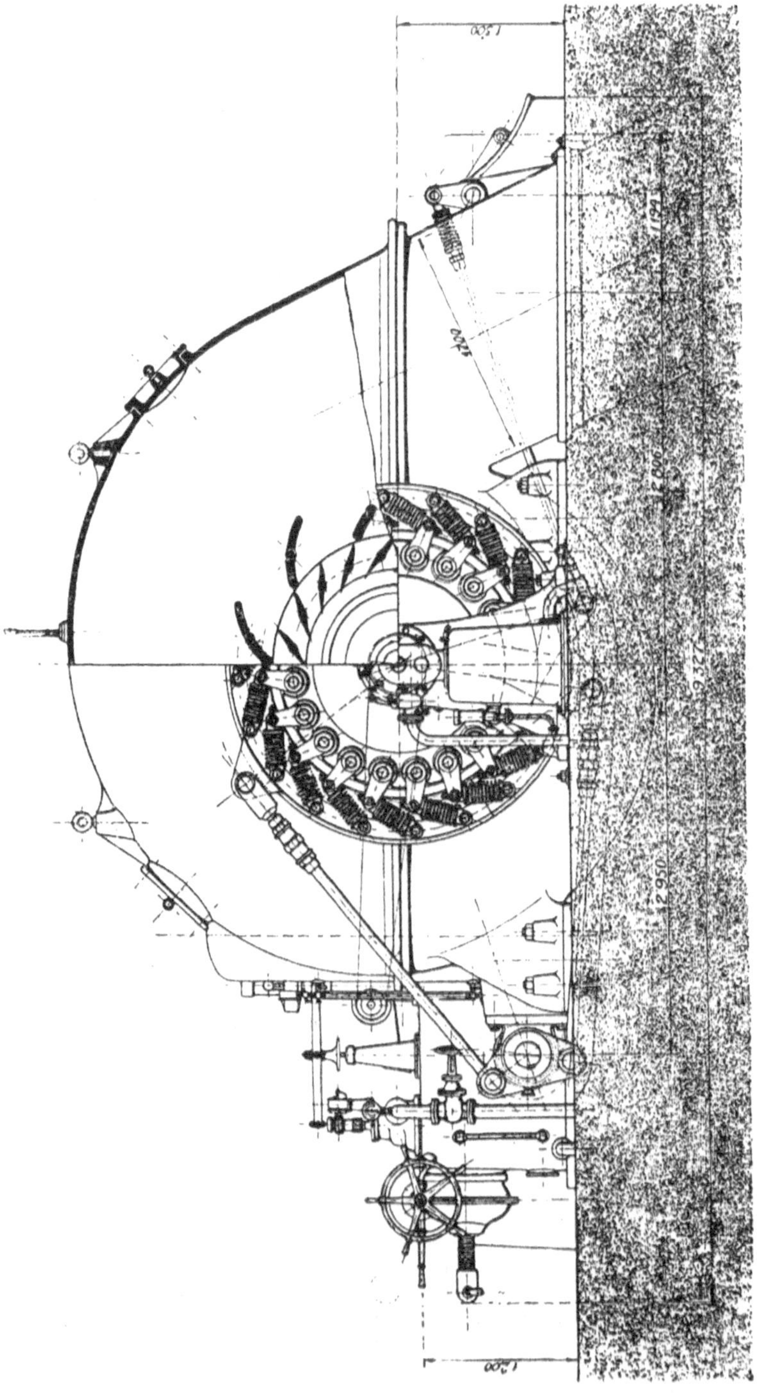

Fig. 104. - Turbine Francis de 10 000 CV, usine de Ste-Tulle.

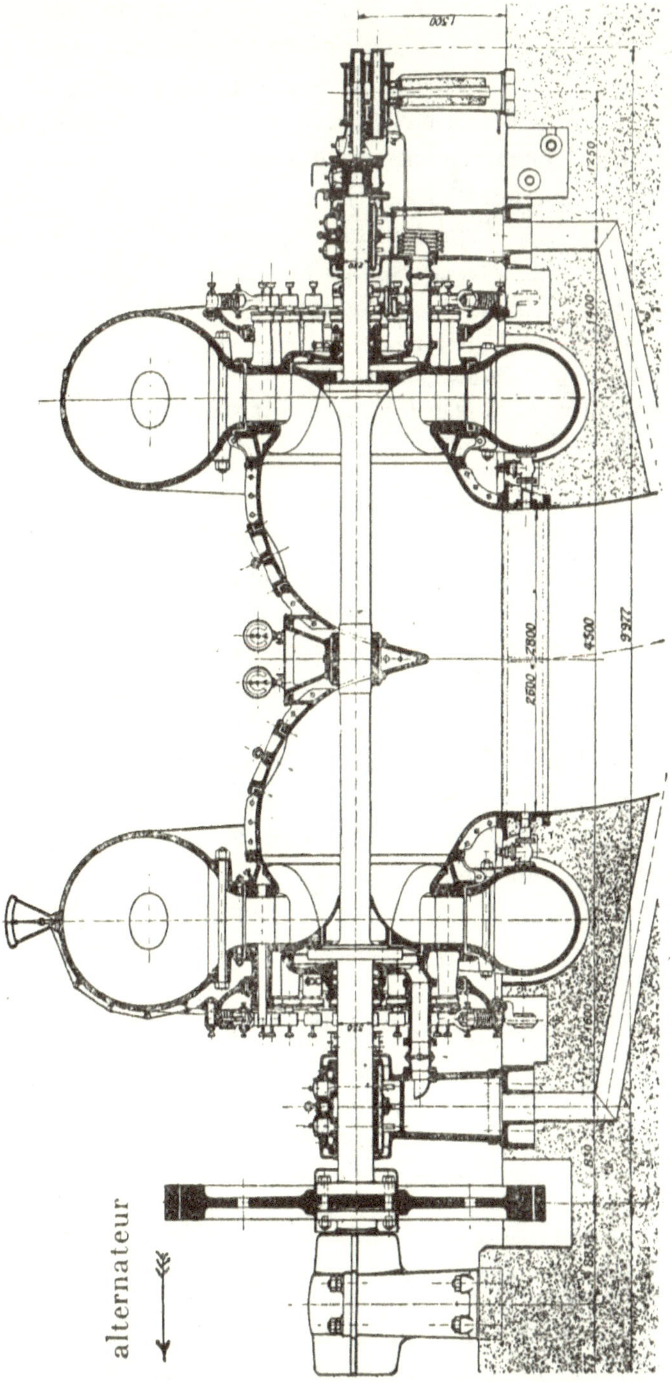

Fig. 105 – Turbine Francis de 10 000 CV, usine de Ste-Tulle.

de pivots tous solidaires d'une couronne qui les oriente, ouvre ou ferme l'admission d'eau au rotor aussi bien par manœuvre à la main que par un régulateur à servomoteur à huile ; ces turbines se font à axe vertical ou à axe horizontal pour hautes et basses chutes et grandes vitesses de rotation. La bâche qui amène l'eau aux aubages distributeurs a la forme d'une spirale (coquille d'escargot) comme on le voit figures 102 et 104.

Nous décrirons, d'après les *Établissements Leflaive* et les *Ateliers de Vevey*, trois installations-types, importantes, de ces turbines :

1. - Aux usines de **la Jogne** (Fribourg, Suisse) 4 turbines Francis à axe vertical de 6 000 chevaux chacune, figures 102 et 103.

Hauteur de chute : variable de 95 à 118 m
Puissance : variable de 6 000 à 7 300 chevaux.
Vitesse : 500 tours par minute.
Diam. du rotor : 1 200 mm.
Diam. de l'entrée de la bâche spiraloïde : 1 100 mm.
Diam. de l'entrée de l'aspirateur diffuseur à la sortie de l'eau : 1 000 mm.

Un alternateur est monté en haut de l'arbre de la turbine, ce qui charge le palier de butée supportant l'arbre, par sa partie supérieure, de 31 000 kilogrammes. La bâche spirale, en fonte, est en deux pièces ; le distributeur est formé de deux fonds ou couvercles boulonnés des deux côtés de la bâche et les aubes directrices pivotent entre ces deux couvercles ; elles sont en acier coulé venues de fonte avec leurs tourillons et actionnées par des biellettes qui ont une certaine élasticité pour pouvoir se déformer si un corps étranger s'introduisait entre les aubes au moment de la fermeture.

La roue motrice est en acier coulé ; des dispositifs de graissage par huile sous pression et d'étanchéité par cuirs emboutis sont prévus partout où il est nécessaire.

2. - Aux **Usines de Sainte-Tulle** (Basses-Alpes), 4 turbines Francis à axe horizontal de 10 000 chevaux chacune ; chaque turbine comporte deux rotors en deux bâches, calés sur un même arbre, soit deux turbines jumelées (fig. 104 et 105).

Hauteur de chute ....33 m
Débit. ....27 m³ par seconde.
Puissance ....10 000 chevaux.
Vitesse ....300 tours par minute.
Diamètre des roues ....1 m 700

Le réglage se fait par tachymètre à servomoteur à huile ; l'arbre est accouplé directement à un alternateur ; les figures 104 et 105 montrent ces turbines jumelées qui ont un canal de fuite commune formant aspirateur, de 2 m 600 de diamètre.

3. - Aux **Usines de Manzac** (France), turbines Francis pour basse chute à axe vertical de 2 700 chevaux chacune alimentées par la rivière Dordogne (fig. 106, 107 et 108).

Hauteur de chute..4 m 30
Débit. ....54 m3 par seconde.
Puissance ....2 700 chevaux.
Vitesse ....55 tours ½ par minute
Diamètre des roues...5 m 06
Poids d'une roue ....31 000 kgr.

La figure 106 montre la roue et la figure 107 le distributeur sans bâche, à aubages directeurs mobiles sous la dépendance d'un régulateur à servomoteur à huile ; la figure 108 représente l'installation complète en chambre d'eau en maçonnerie, l'eau pénétrant directement dans les directrices du stator.

Les rendements sont :

84 % à pleine charge ;
85 % à sept huitièmes de charge ;
83 % à trois quarts de charge ;
76 % à demi-charge.

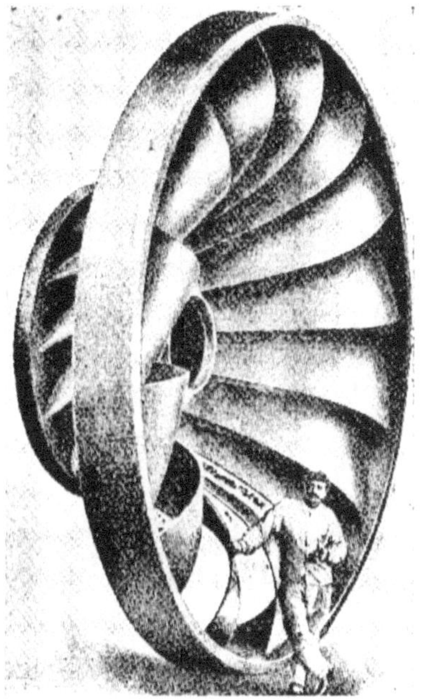

Fig. 106 - Roue Francis de 5m06 de diamètre (Mauzac).

Fig. 107 - Distributeur sans bâche de 5m06 intérieur.

Pivots

Les petites turbines verticales se montent sur pivots à crapaudine sous l'eau, roulement sur bois de gaïac, ou hors de l'eau comme représenté figures 91 et 92, ou encore sur roulements et butées à billes ou à rouleaux dont nous avons donné les charges pratiques au volume IX de cette *Encyclopédie*.

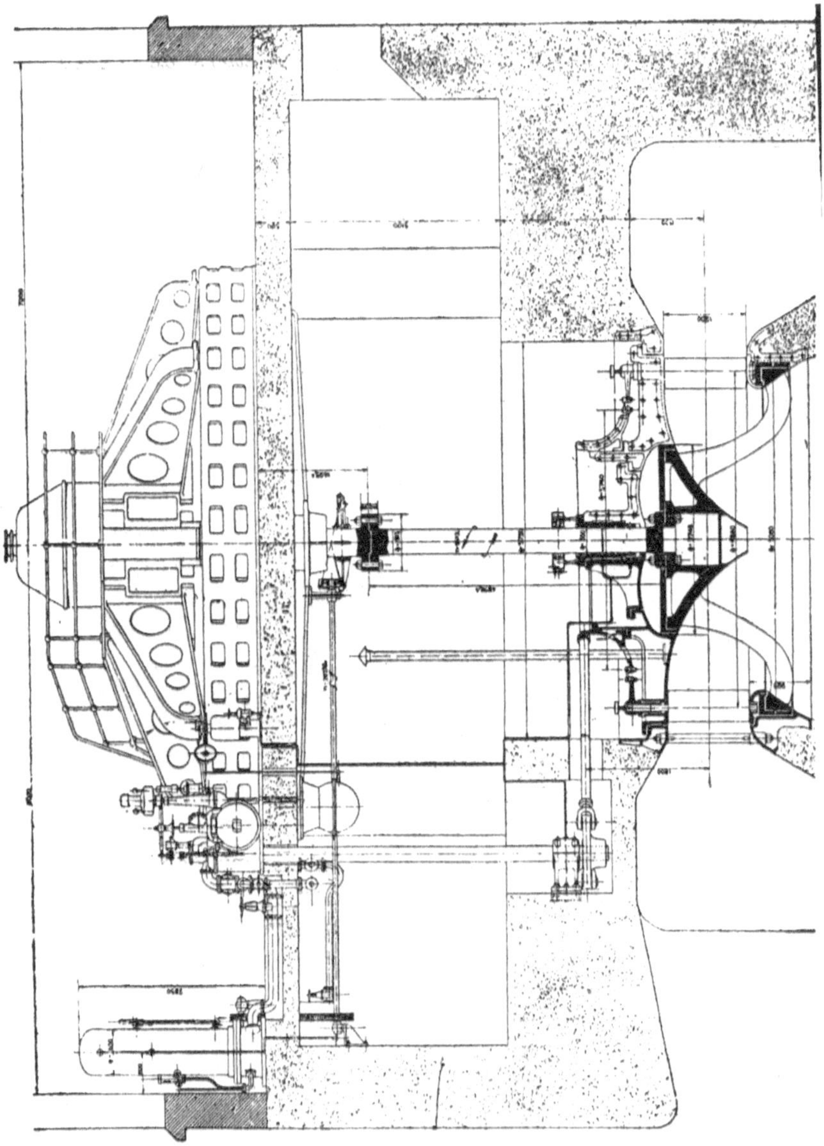

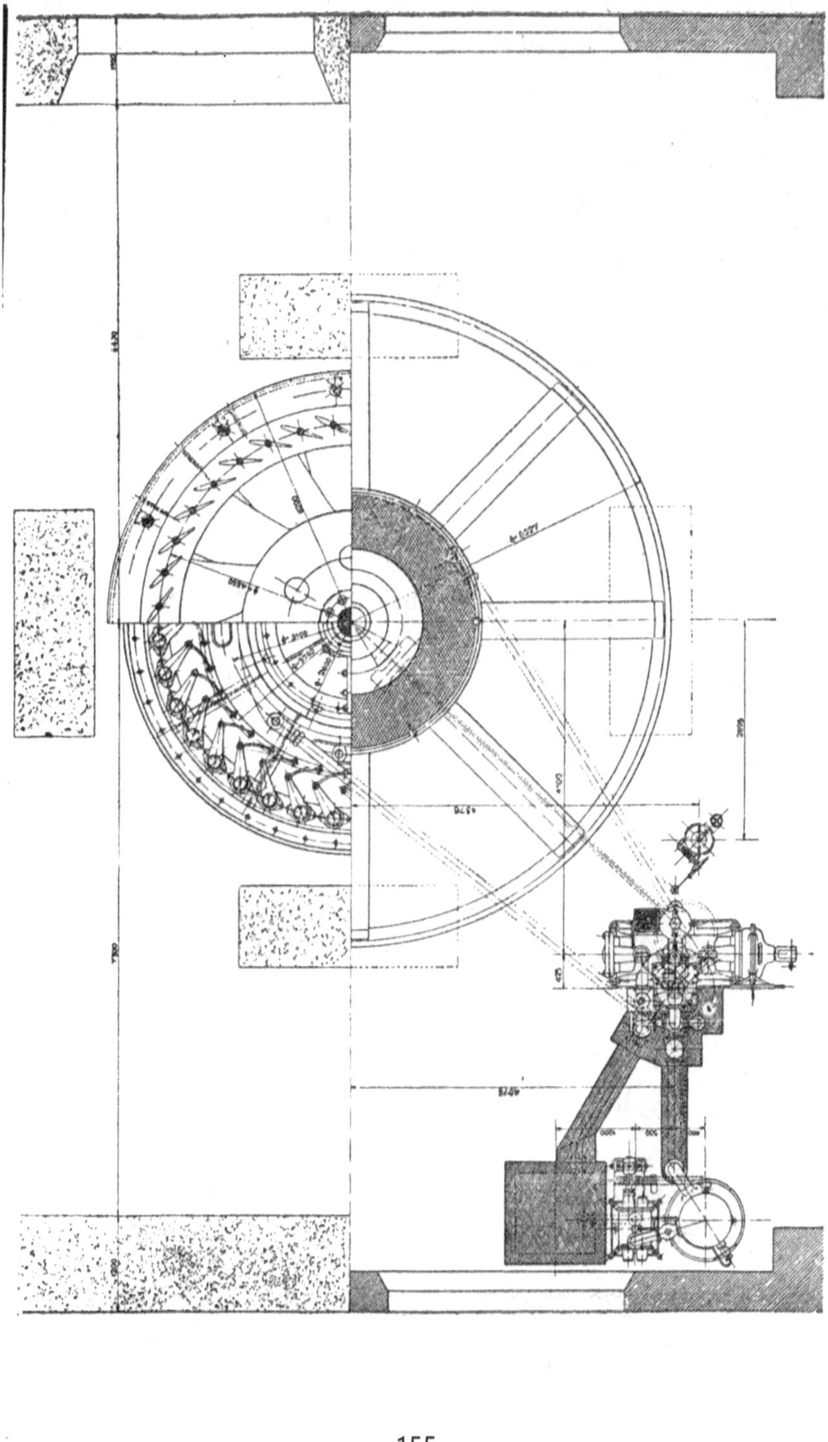

Fig. 108 – Turbine Francis en chambre d'eau, 2700 CV, chute 4m30, vitesse 55 t. p. m.

Fig. 109 - Installation d'une petite turbine à directrices mobiles en chambre d'eau ouverte avec aspirateur (jusqu'à 10 m de hauteur de chute), *Gandillon, Senlis.*

Mais pour les grandes turbines dont l'axe vertical supporte plusieurs dizaines de milliers de tonnes, il faut concevoir des surfaces de portée telles qu'elles ne soient pas chargées à plus de 50 à 60 kgr. par centimètre carré à condition que l'huile y soit refoulée sous pression suffisante pour s'insinuer entre les portées : pression 20 à 60 kgr. par centimètre carré, refroidissement de l'huile par serpentin d'eau froide.

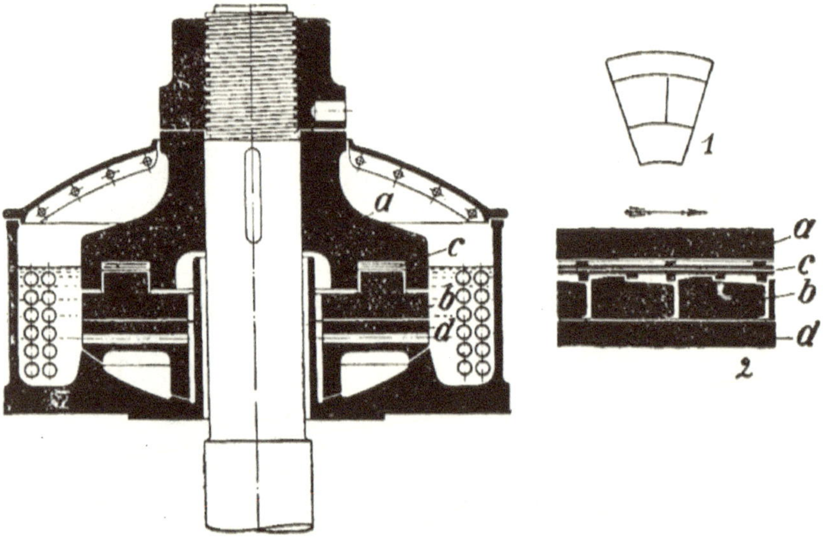

Fig. 110 - Pivot de turbine Leflaive.

Les *Établissements Leflaive* et les *Ateliers de Vevey* emploient pour leurs grandes turbines à axe vertical le pivot représenté par la figure 110 : un moyeu *a* est muni d'une série de segments *b* qui s'appuient sur des anneaux flexibles *c* ; un de ces segments est représenté en plan en 1 et en élévation en 2. Quand la turbine commence à tourner, les segments s'inclinent légèrement et l'huile est forcée de passer entre eux et la lentille inférieure *d* ; on obtient ainsi un graissage constant sous pression artificielle d'huile.

Les forces agissant sur un pivot de turbine sont :

Poids de la roue de la turbine.
Poids propre de l'arbre.
Poids du rotor d'alternateur, s'il y a lieu.
Poids de l'eau que renferme la roue.
Pression statique de l'eau sur la surface de la roue.
Poids dynamique résultant de l'accélération dans le sens de l'axe.
Pression d'engrenages s'il y a lieu.

On doit calculer et tenir compte de ces diverses charges dans l'établissement du pivot et aussi dans le calcul de l'arbre.

Turbines à hélice

L'idée d'employer une hélice analogue à celle d'un navire, pour former le rotor d'une turbine, est fort ancienne ; elle fut appliquée par

Fig. 111 - Turbine à hélice de Wynau.

Jouval, puis brevetée en 1860 par l'américain Truax qui employait une hélice à 4 aubes sans couronne extérieure ; Horton et Williams, Nagler à Milwaukee et le Docteur Haplan à Brunn ont perfectionné ce genre de turbines.

La figure 111 en montre une de 3 m 50 de diamètre au rotor construite par les *Ateliers de Vevey* (Suisse) donnant 2 700 chevaux à 107 tours par minute sous une chute d'eau variant de 2 m 4 à 5 m 2, basse chute, par conséquent ; cette turbine, à axe vertical, entraîne directement un alternateur, comme on le voit figure 112.

Elle est à action centripète, radiale à directrices mobiles.

L'eau est amenée au distributeur par une bâche spirale en béton dont l'entrée a été disposée en vue de faciliter, par l'élimination des remous, le jaugeage du débit au moyen du moulinet. Le bâti de la turbine, composé de deux anneaux de scellement en fonte reliés par dix colonnes venues de fonderie avec eux, supporte la turbine, l'alternateur, une partie du plancher ainsi que la charge provenant du pivot.

La forme à donner au tube d'aspiration a été l'objet d'une attention spéciale en raison de la vitesse très considérable que l'eau possède encore à la sortie de la roue motrice et qui correspond à un quart et même un tiers de l'énergie totale. L'aspirateur (diffuseur) permet de récupérer la plus grande partie de cette énergie résiduelle par transformation graduelle de la vitesse en dépression à la sortie de la roue. La roue motrice d'une seule pièce, en acier coulé, est constituée par un moyeu portant quatre aubes sans couronne extérieure. Elle a la forme d'une hélice de navire. En vue de réduire la vitesse de l'eau à sa sortie, le diamètre de la roue est plus grand à la sortie qu'à l'entrée. Les aubes sont relativement longues pour améliorer le guidage de la veine liquide et prévenir les remous nuisibles. La roue, boulonnée sur le plateau d'accouplement venu de forge avec l'arbre de turbine, tourne dans une enveloppe en fonte facilement démontable.

Le distributeur, d'une construction semblable à celui d'une turbine Francis, est formé d'un anneau inférieur portant l'enveloppe conique de la roue motrice, d'un couvercle supérieur et de trente aubes pivotantes en acier coulé.

Le pivot et les coussinets de guidage sont à graissage par huile sous pression, fournie par une pompe.

La régulation se fait comme celle d'une turbine ordinaire.

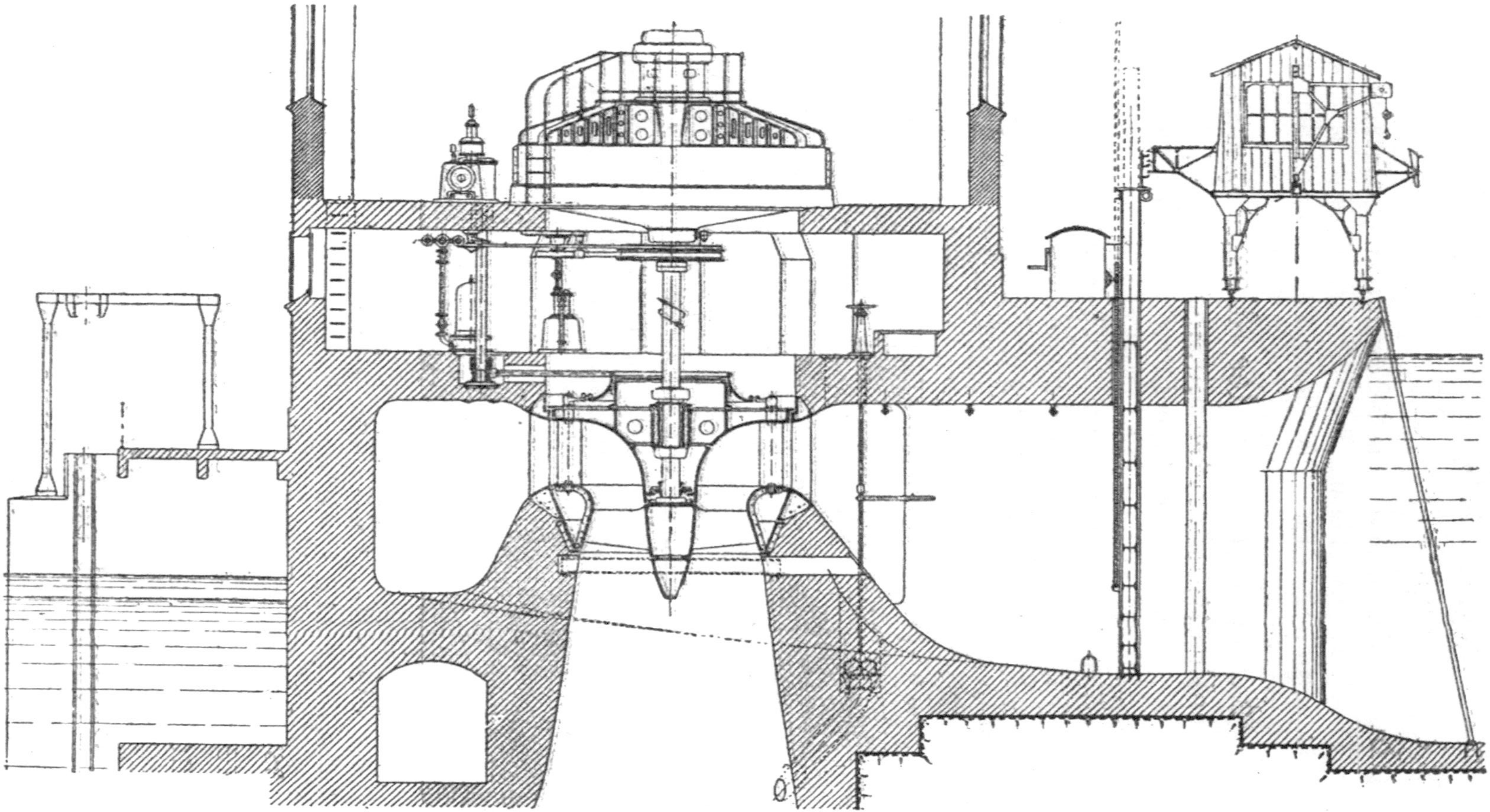

Fig. 112 - Turbine à hélice de Wynau, installation générale.

Les turbines à hélice conviennent spécialement bien pour utiliser avec le minimum de frais la puissance disponible dans les rivières de plaine donnant de gros débits sous faibles chutes. Par rapport aux turbines Francis leurs avantages sont les suivants :

1. - Nombre de tours très grand, donc coût et encombrement de l'alternateur réduits. Salle des machines moins large.

2. - Rendements élevés pour des régimes compris entre trois quarts et quatre quarts de la charge. Le rendement des alternateurs est aussi plus élevé par suite de leur plus grande vitesse angulaire.

3. - La puissance s'abaisse moins que ce n'est le cas pour les turbines Francis lorsque la chute diminue, les turbines à hélice sont donc particulièrement bien adaptées à l'aménagement des chutes de hauteur variable.

4. - La roue n'ayant qu'un petit nombre d'aubes, la distance entre celles-ci est au moins trois fois plus grande que pour les turbines Francis, ce qui exclut toute possibilité d'obstruction. De plus, l'écartement des barreaux des grilles peut être augmenté, ce qui réalise une économie sur le coût de ces grilles, une diminution des pertes de charge à travers ces appareils et une réduction de la dépense de nettoyage.

5. - L'alternateur est moins lourd, le pont roulant moins puissant, donc les murs du bâtiment moins épais.

6. - La roue n'étant munie que d'un petit nombre d'aubes et coulées d'une seule pièce avec le moyeu est plus robuste que la roue Francis.

Rendement : Sous la chute maximum de 5 m, le rendement est de 89 % et de 85 % sous chute de 4 m.

Turbines Négri

Ces turbines sont du type axial ou parallèle, avec cette particularité que le rotor est formé d'une roue à quatre, six ou huit surfaces hélicoïdales, selon l'importance de la machine et que l'obturateur est un disque ajouré interposé entre les aubes directrices fixes et le rotor ; ces turbines hélicoïdales à réaction ont l'avantage de pouvoir fonctionner aussi bien lorsqu'elles sont noyées que par aspiration, comme le montre la figure 113 qui représente l'installation d'une de ces machines, accouplée directement à une génératrice électrique, à une certaine hauteur au-dessus du niveau du canal de fuite : l'aspiration causée dans le tuyau de

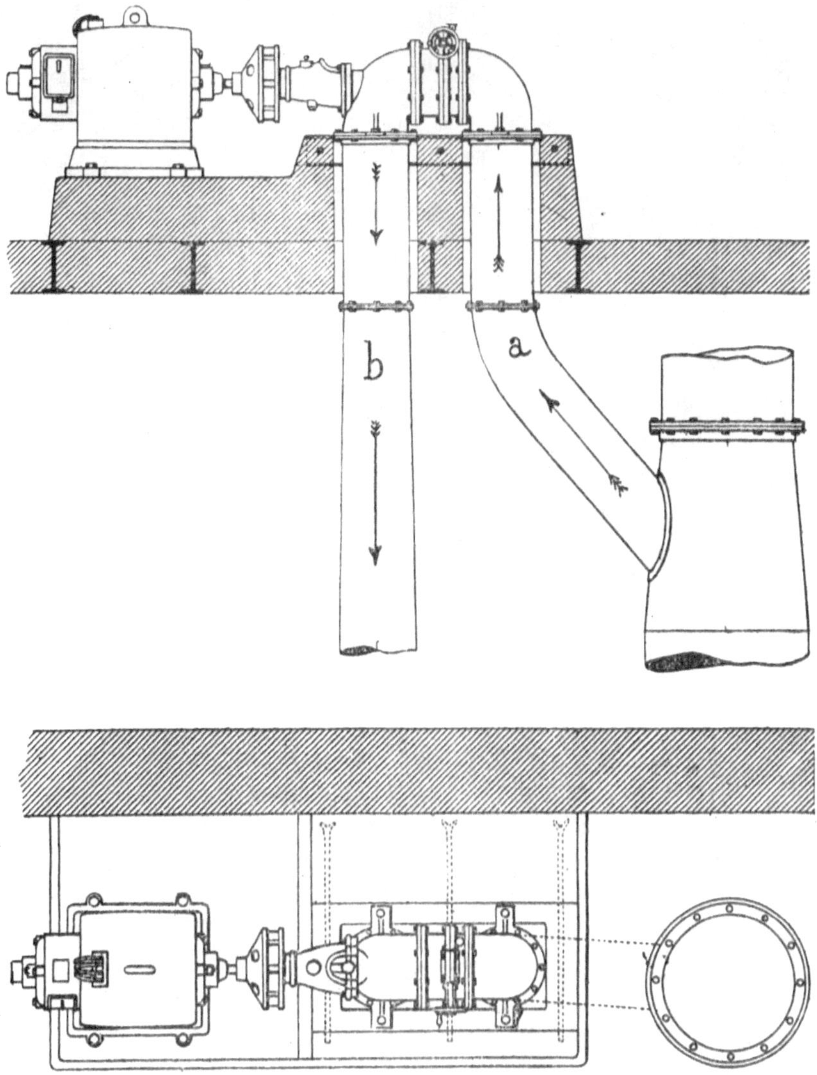

Fig. 113 - Turbine à hélice Négri.

fuite *b* s'ajoute à la charge d'eau dans le tuyau d'amenée a et la puissance totale de l'eau est récupérée par la turbine.

Un autre avantage est le large passage que le rotor et les directrices laissent à l'eau et aux détritus qu'elle peut contenir ; les feuilles, brindilles, ni même les galets, ne peuvent s'arrêter dans le mécanisme ; celui-ci est simple, tient peu de place et s'applique aussi bien à des turbines à axe vertical qu'à axe horizontal.

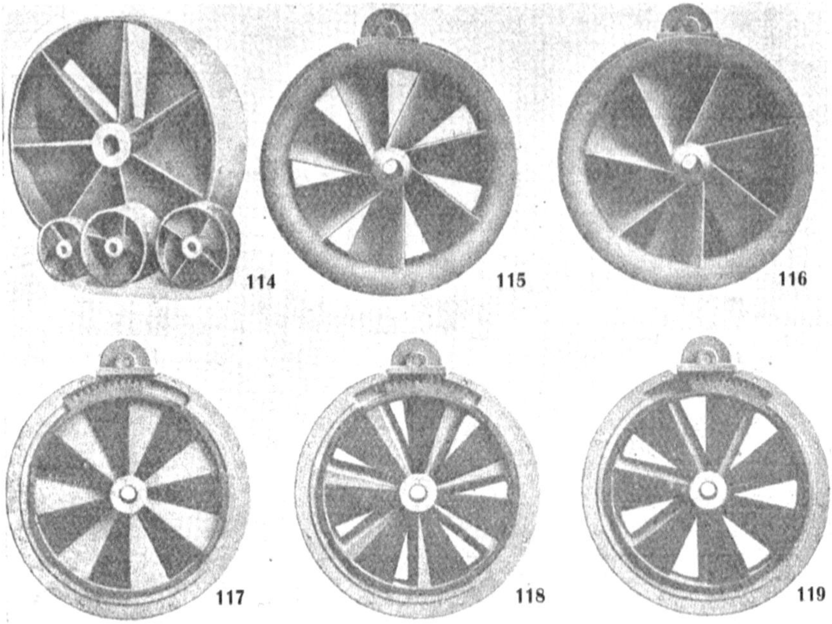

Fig. 114 à 119 - Détails de la turbine Négri.

Les figures 114 à 119 montrent les pièces composant ces turbines à hélice :

- Figure 114. — Roue ayant de quatre à huit pales hélicoïdales réunies par une couronne cylindrique extérieure, fondue d'une seule pièce ;
- Figure 115. — Distributeur ayant autant de surfaces hélicoïdales directrices qu'il y en a à la roue ; vue ouvert à pleine admission.
- Figure 116. — Distributeur fermé par le diaphragme interposé entre lui et le rotor ;
- Figures 117,118,119. — Le distributeur vu du côté du rotor, fermé, à demi-ouvert et ouvert ; la manœuvre se fait par un secteur denté actionné par une vis sans fin et un volant à main.

Les vitesses des turbines Négri peuvent atteindre pour certains types plus de 3 000 tours par minute et se construisent depuis les plus petites puissances jusqu'à 2 000 chevaux pour des chutes de 1 à 50 m en conduites forcées.

Rendement 80 % au minimum à pleine charge.

Chapitre VII

Roues à cuillers. Turbines Pelton

Vers l'année 1830, les moulins construits sur les affluents de l'Isère et du Rhône étaient mus par des roues horizontales d'environ 2 m de diamètre, formées d'un grand nombre de palettes creuses, ou cuillers, ou coquilles, qui recevaient le choc d'un rapide courant d'eau (fig. 120) ; on utilise encore ces roues dans les Pyrénées et chez les Arabes ; leur rendement, très faible, ne dépasse pas 25 %, cependant la roue à cuillers est l'origine des roues-turbines Pelton, qui sont des turbines tangentielles à impulsion utilisant la force vive de l'eau, qui agit sur elles par choc et dont le rendement, à pleine charge, atteint 85 % et ne descend pas à moins de 75 % à demi-charge.

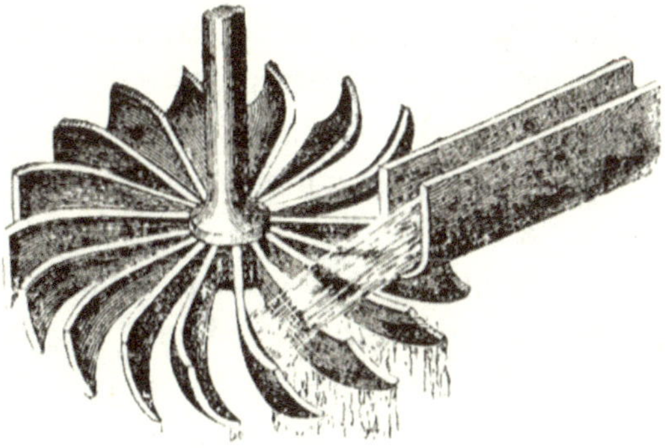

Fig. 120 - Ancienne roue à cuillers.

Les roues Pelton conviennent surtout à l'utilisation des très hautes chutes, 500 m et plus ; elles ont été d'abord employées dans les Montagnes des États-Unis d'Amérique.

On les construit maintenant en France pour des puissances allant à plus de 7 000 chevaux pour une seule roue ; un de leurs avantages est leur grande vitesse de rotation, 500 tours et plus par minute, qui se prête bien à l'attaque directe des génératrices d'électricité.

On les construit généralement à arbre horizontal avec un, deux, trois et même quatre injecteurs d'eau.

La roue Pelton est moins coûteuse qu'une turbine ordinaire, elle s'installe avec moins de frais et l'usure n'affecte pas sensiblement son rendement ; les aubes ou coquilles en acier sont, du reste, facilement remplaçables.

En principe, la roue Pelton est constituée par une roue sur la jante de laquelle sont boulonnées les coquilles ou augets, qui recevront le choc de l'eau, et un ou plusieurs injecteurs terminés par une buse en forme de lance à section circulaire ; on avait essayé des ajutages de forme rectangulaire aplatie, mais le jet circulaire moins coûteux à réaliser donne de meilleurs résultats.

La roue Pelton doit toujours être munie d'un régulateur qui prévient les emballements susceptibles de causer l'éclatement de la roue par efforts centrifuges.

Nous allons étudier les différents organes de ces intéressantes turbines.

La vitesse circonférentielle extérieure des augets est égale à la moitié de la vitesse v du jet d'eau ; cette dernière est donnée par $v = \sqrt{2gH}$, H étant la hauteur de chute déduction faite des pertes de charge dans les tuyaux d'amenée qui doivent être de diamètre suffisant pour que la vitesse du courant d'eau n'y excède pas 1 m 50 environ par seconde. Nous avons donné plus haut les tableaux des valeurs de $\sqrt{2gH}$ et des pertes de charge dans les conduites.

Ayant fixé la vitesse angulaire de la roue, n tours par minute, on déduira le rayon R de la formule

$$2\pi R n / 60 = v / 2$$

d'où :

$$R = 15v / \pi n$$

Le diamètre de l'injecteur détermine la quantité d'eau dépensée : soit s la section en mètres carrés de la buse, on a $s = \pi d^2 / 4$, d étant ce diamètre.

Le débit d'eau par seconde est vs en mètres cubes ; si l'on fixe la puissance P à obtenir en chevaux-vapeur sous une hauteur de chute H on écrira :

$$P = (vsH \times 1000 \times k) / 75$$

k étant le coefficient de rendement de la roue, 0,8 environ, d'où :

$$s = 75P / 1000vHk$$

Les augets reconnus les meilleurs (fig. 121) sont composés de deux coquilles séparées par un tranchant aigu, telles que l'angle β, formé par la tangente à la courbe au point de sortie des filets d'eau, fasse avec la parallèle à l'axe de la tuyère un angle de 10° environ.

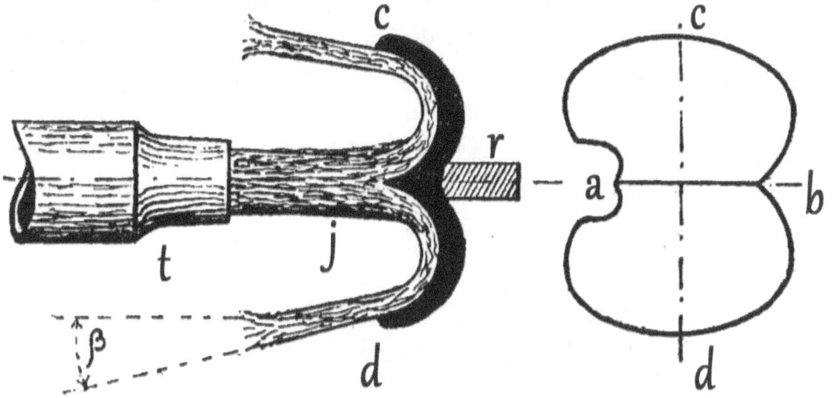

Fig. 121 - Schéma d'auget Pelton.

La longueur du couteau *ab* qui sépare les deux parties de l'auget est de deux à trois fois le diamètre *d* du jet d'eau J à sa sortie de la buse *t*. La largeur intérieure *cd* de l'auget est environ 7*d* ; la profondeur des coquilles environ 1,2 à 1,5 *d*. Ainsi qu'on le voit sur la figure 121, les augets sont échancrés du côté extérieur en *a*, ce qui permet le passage du jet d'un auget à l'autre.

La position des augets sur la jante de la roue est déterminée par l'épure figure 122 : au rayon *ox* on élève une perpendiculaire *a*J au point *a* qui est au milieu de la couronne formée par les couteaux des augets ; cette perpendiculaire

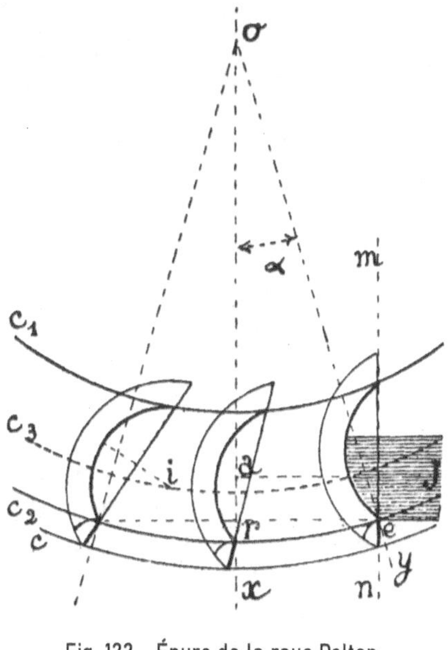

Fig. 122 - Épure de la roue Pelton.

passe par l'axe du jet d'eau J. On trace un rayon *oy* par le point *e* où les filets extérieurs du jet rencontrent la circonférence *c2* et on mène par ce point *e* une parallèle à *ox*, ce qui détermine l'angle *meo* que doit faire le couteau de l'auget avec le rayon *oy* de la roue.

Le nombre *n* des augets peut être déterminé par la formule :

$$n = 2\pi / \sin \alpha'$$

l'angle α étant égal à l'angle *meo* ; il y a évidemment intérêt à multiplier le nombre des augets, mais ils ne doivent pas être trop rapprochés, de façon qu'un auget ne vienne pas couper le jet avant qu'il n'ait agi sur l'auget qui lui est perpendiculaire ; c'est ici que l'on voit l'utilité de l'échancrure faite à la partie extérieure des augets : elle doit avoir au moins le diamètre du jet qu'elle laisse passer d'un auget au suivant.

Fig. 123 - Grandes roues Pelton.

La figure 123 montre deux roues Pelton accouplées sur un même arbre horizontal ; ces roues sont celles des turbines représentées figures 124 et 125, d'après la *Société Leflaive* et les *Ateliers de Vevey* ; elles ont 1 m 860 de diamètre et fonctionnent à l'usine hydroélectrique d'*Amsteg-Uri* (Suisse) dans les conditions suivantes :

Hauteur nette de chute	275 m
Débit par seconde	4 750 l.
Nombre de tours, par minute	333,3
Diamètre du jet d'eau	215 mm.

Puissance par roue .... 7 150 chevaux.
Puissance des deux roues sur l'arbre.. ...... 14 300 chevaux.
Diamètre de la tubulure alimentant
une seule roue Pelton.. 650 mm.
Nombre des aubes d'une roue........................ 20

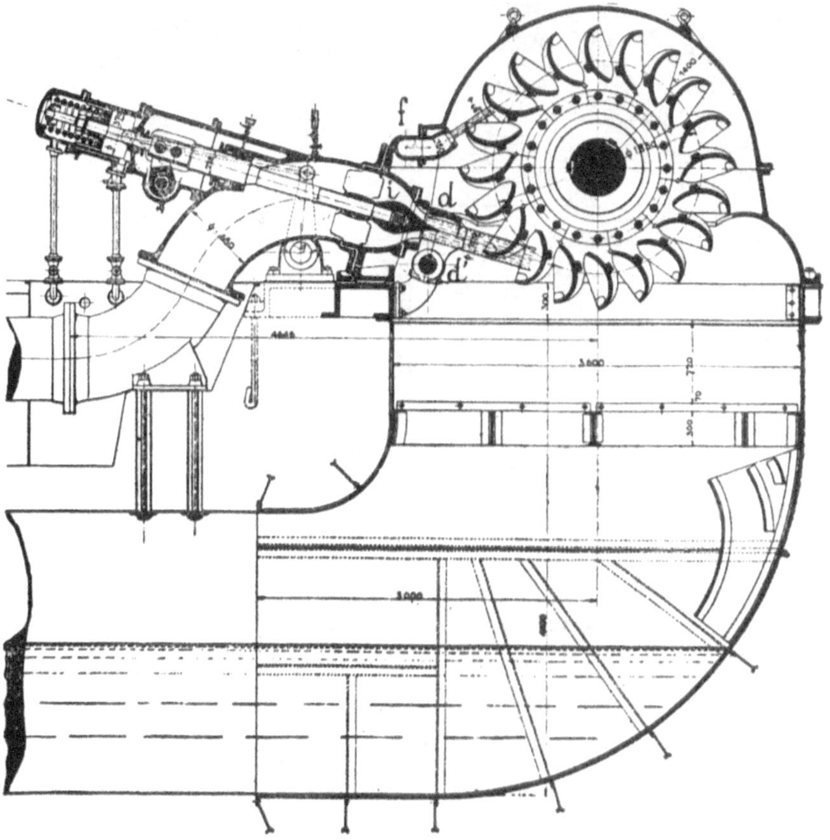

Fig. 124 - Roue Pelton d'Amsteg, vue de profil.

Ces aubes sont démontables une à une sans démonter la roue. Chaque aube reçoit, par minute, 333 chocs de 17 tonnes et demie.

La figure 124, qui représente en coupe verticale une de ces roues, montre la disposition des injecteurs actuellement employés par la généralité des constructeurs : l'obturation progressive du jet est faite par une aiguille de forme ovoïde pointue *i* soumise directement à l'action du régulateur automatique, mais pouvant être manœuvrée aussi à la main (aiguille de Hett).

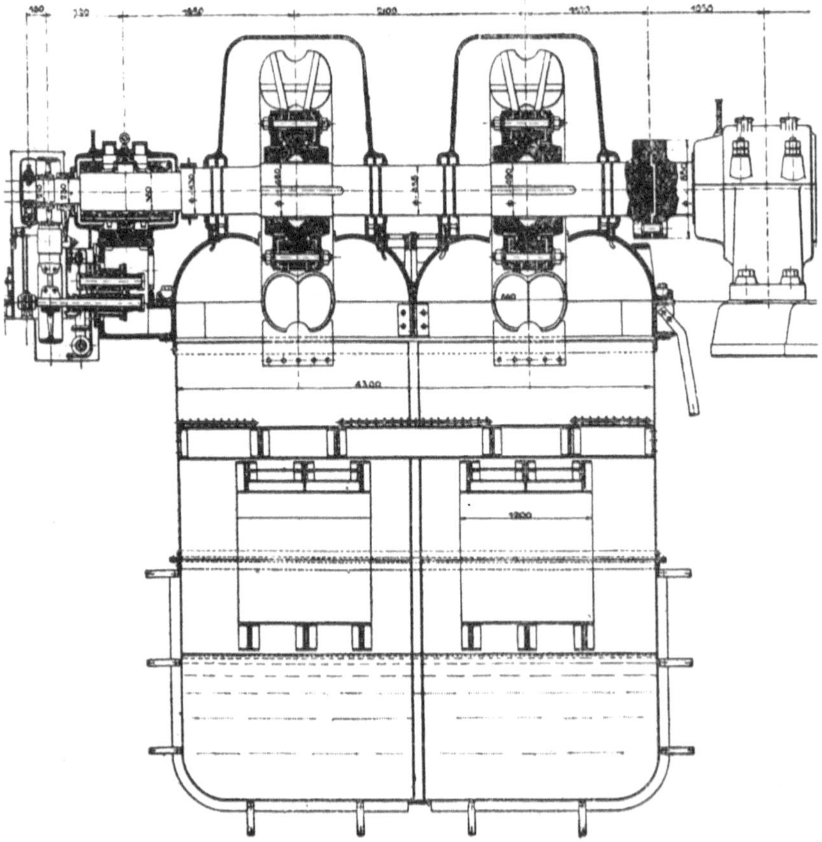

Fig. 125 - Roues jumelées d'Amsteg, vues de face.

Pour détourner rapidement le jet d'eau hors des aubes un déflecteur *d* articulé en *d'* est aussi soumis à l'action du régulateur automatique qui sera décrit plus loin ; enfin, un jet auxiliaire *f* agissant sur la face convexe des aubes permet de freiner hydrauliquement la roue quand on veut obtenir son arrêt instantané.

L'aiguille obturatrice *i* a un frein à huile destiné à empêcher une fermeture brusque susceptible de former coup de bélier dans les conduites d'amenée. Il nous est impossible de donner ici la description détaillée de tous ces mécanismes délicats ; nous signalerons seulement que les coquilles-aubes sont en acier poli intérieurement pour éviter les remous d'eau. On en voit le mode de fixation sur la figure 125 qui représente la vue en coupe verticale selon l'axe de la double turbine

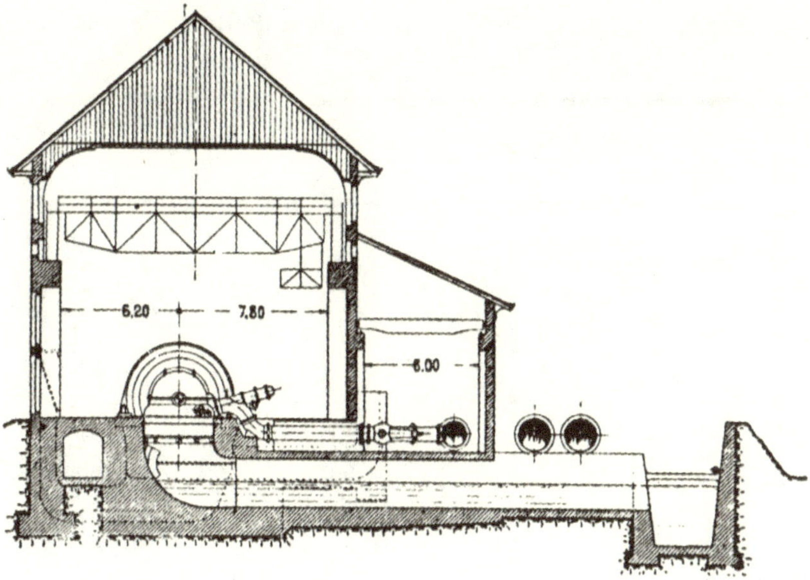

Fig. 126 - Usine d'Amsteg.

d'Amsteg, dont la figure 126 montre une vue générale avec les tuyaux d'amenée et le canal de fuite (l'usine d'Amsteg qui fournit le courant au chemin de fer du Saint-Gothard, comporte cinq turbines Pelton à deux roues chacune, en tout 71 500 chevaux).

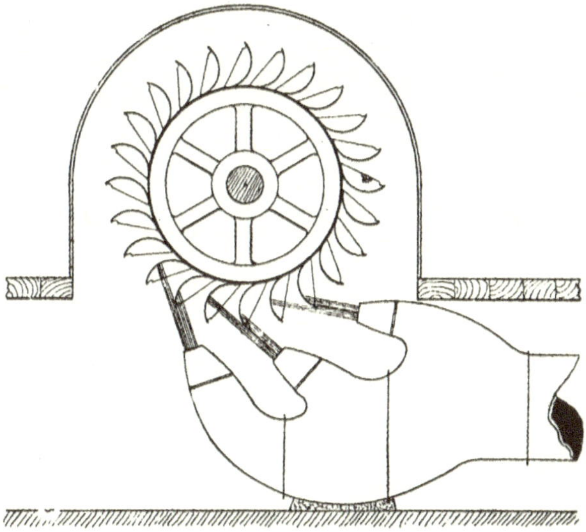

Fig. 127 - Schéma de roue Pelton à trois injecteurs.

Caractéristiques de quelques roues Pelton d'après MM. Laurent et Coltot

CHUTE en mètres	Débit, forces et vitesses							
	Litres/sec.	1,04	4,1	9,25	26	50	84	125
10	Chevaux	0,11	0,43	0,98	2,75	5,35	8,9	13,3
	Tours p. min.	900	297	225	149	112	90	75
	L	1,45	5,8	13	36,5	71	118	176
20	HP	0,31	1,23	2,77	7,75	15	25	37,4
	T	1270	424	318	212	159	127	106
	L	1,78	7,15	16	44,5	87	144	216
30	HP	0,57	2,30	5,1	14,2	27,8	46	69
	T	1540	514	385	257	192	154	128
	L	2,06	8,3	18,6	52	102	168	251
40	HP	0,88	3,52	7,9	22	43,4	71	106
	T	1800	600	450	300	225	180	150
	L	2,3	9,10	20,5	57,2	112	185	277
50	HP	1,22	4,87	11	30,5	60	100	148
	T	2000	670	500	335	250	200	167
	L	2,5	10,1	22,5	63	123	205	305
60	HP	1,6	6,5	14,4	40	78,5	131	196
	T	2190	730	547	315	274	219	157
	L	2,71	11	24,6	68,5	134	223	332
70	HP	2,02	8,2	18,4	51	100	166	248
	T	2300	790	590	395	295	236	197
	L	2,9	11,6	26,2	73	142	235	352
80	HP	2,46	9,9	22,2	62	121	200	300
	T	2540	845	635	423	318	254	212
	L	3,07	12,4	27,8	77,5	151	252	375
90	HP	2,95	11,9	26,5	74	145	242	360
	T	2700	900	670	450	335	270	225
	L	3,25	13	29,2	81	159	262	394
100	HP	3,4	13,9	31,2	86,5	170	280	420
	T	2820	940	705	470	353	282	235
	L	3,55	14,2	32	89	174	288	431
120	HP	4,55	18,2	41	114	222	367	552
	T	3100	1030	775	515	387	310	257
	L	3,84	15,4	34,7	96,5	189	313	466
140	HP	5,8	23	52	144	282	467	695
	T	3350	1120	838	560	419	335	280
	L	4	16	36	100	195	322	484
150	HP	6,4	25,6	58	168	316	520	780
	T	3470	1160	867	580	433	347	290
	L	4,1	16,4	37	103	200	330	495
160	HP	7	28	63	176	340	561	840
	T	3550	1180	887	590	443	355	295
	L	4,38	17,7	39	110	215	350	530
180	HP	8,3	34	75	210	410	670	1020
	T	3900	1260	975	630	487	390	315
	L	4,7	18,5	41,2	116	226	370	560
200	HP	10	39,5	88	246	480	785	1290
	T	4100	1340	1025	670	512	410	335

Dans le but de diminuer les dimensions et, par suite, le poids des augets, on construit des roues Pelton à plusieurs injecteurs, de deux à cinq, répartis sur toute la circonférence de la roue.

La figure 127 montre, en principe, le mode d'action de ces injecteurs multiples auxquels l'eau est amenée par une grosse tête nourrice et qui sont disposés pour envoyer les jets tangentiellement à la roue et perpendiculairement aux augets.

La figure 128 fait voir une roue Pelton de la firme *Teisset* et *Rose-Brault* à trois injecteurs avec son régulateur à servomoteur à huile qui agit simultanément sur les trois injecteurs.

Le tableau ci-dessus donne, d'après MM. Laurent et Collot les caractéristiques de quelques roues Pelton :

L = débit en litres par seconde.
H = puissance en chevaux-vapeur.
T = tours par minute.

Turbines modernes

La turbine centrifuge ne s'emploie plus et celle centripète à admission tangentielle (turbine d'action) tend à disparaître, car son rendement est inférieur à celui des turbines à réaction mixte ; on adopte maintenant,

Fig. 128 - Roue Pelton à trois injecteurs et régulateur à huile.

pour chutes de : 0 m 80 à 15 m les turbines à hélice ; de 10 m à 300 m les turbines Francis ou similaires ; de 50 m à 1 600 m et au-dessus les roues Pelton.

Bibliographie.

- Professeur Rateau, *Traité des turbo-machines.*
- L. Guillot, *Cours de mécanique*, vol. II et complément à ce volume, 1927.

Chapitre VIII

Régulateurs

Régulateur à action directe (fig. 129)

Un tachymètre centrifuge, régulateur à boules, ou un pendule, agit directement pour lever ou abaisser la vanne d'admission d'eau ; ce procédé élémentaire ne peut convenir que dans les cas où l'organe de vannage ne demande qu'une très faible force pour sa manœuvre. Il est sensible, à condition que des obstacles même petits n'entravent pas le mouvement de la vanne mais il n'agit qu'avec un retard fâcheux sur les mouvements de la vanne.

Régulateurs à action mécanique indirecte

Le régulateur à boules agit pour engrener des pignons ou manœuvrer un embrayage quelconque ; cet organe auxiliaire met en mouvement

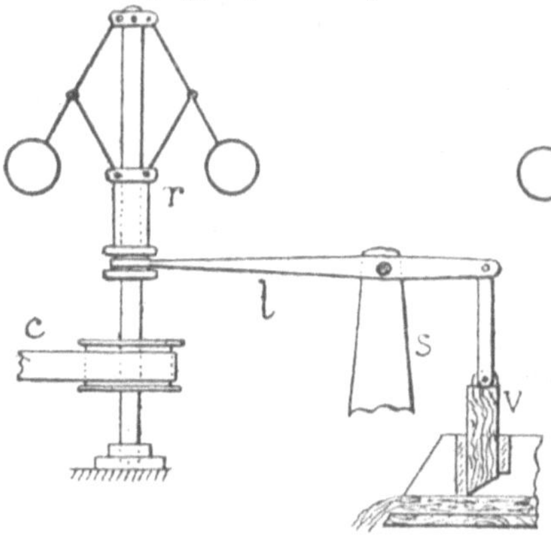

Fig. 129- Régulateur à action directe.

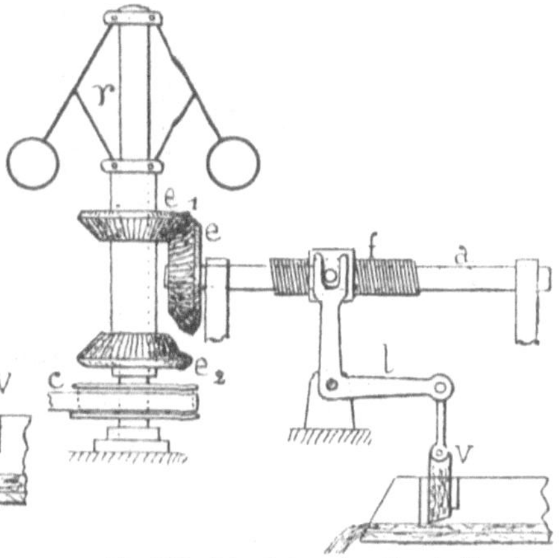

Fig. 130- Régulateur à action indirecte.

une vis qui entraîne un écrou solidaire du mécanisme de vannage ; la force nécessaire à manœuvrer le vannage peut être fournie soit par l'arbre même du régulateur, comme figure 130, soit par un arbre auxiliaire mû par courroie.

Ce système a l'inconvénient de produire les effets d'ouverture et de fermeture avec des retards et des excès en plus ou en moins, d'où résultent des oscillations à longues périodes dans la vitesse de la machine hydraulique.

Régulateur Crozet-Fourneyron

Dans sa nouvelle turbine à axe horizontal centripète radiale avec adduction de l'eau par bâche en spirale, ce constructeur déplace longitudinalement le rotor et obtient la fermeture ou l'ouverture des orifices d'admission par un mouvement louvoyant, c'est-à-dire de rotation et de translation simultanées.

À cet effet, comme le montre la figure 131, le rotor de la turbine

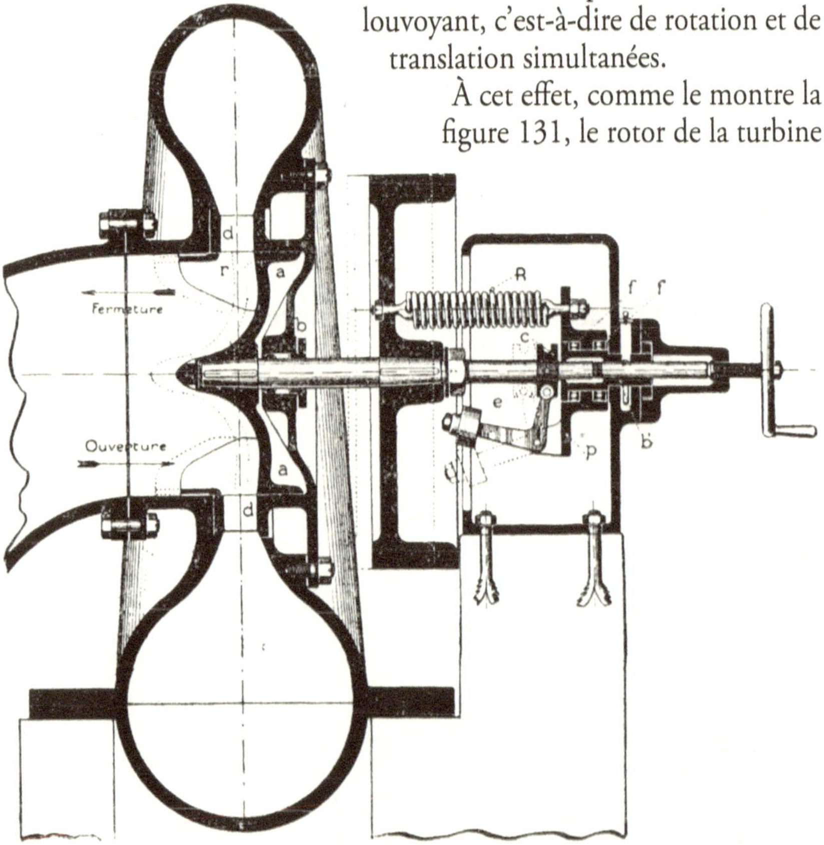

Fig. 131. Régulateur Crozet-Fourneyron.

porte un prolongement en forme de tiroir cylindrique *a*. Il est claveté sur l'arbre qui tourne dans le presse-étoupe *b* et le palier *b'*. Sur ce même arbre est fixé le volant-poulie et la chape *c*. Tout cet ensemble peut, non seulement tourner autour de son axe, mais se déplacer aussi parallèlement à cet axe de telle sorte que le tiroir cylindrique peut venir étrangler, puis obturer l'arrivée de l'eau.

Ce déplacement ne demande qu'une force insignifiante parce que c'est un mouvement louvoyant. Il est produit dans le sens de la fermeture par l'action de la force centrifuge sur les masses du régulateur, et dans le sens de l'ouverture par la tension de deux ressorts R fixés par une extrémité à la poulie V et par l'autre au plateau *p*.

Ce dernier tourne avec l'arbre, entraîné qu'il est par la chape *c* du régulateur, mais il ne peut pas se déplacer parallèlement à l'axe à cause des deux butées à billes *f* et *f'*.

La turbine devient ainsi autorégulatrice, mais ce procédé n'est applicable qu'à des turbines de petite et moyenne importance, à cause de l'inertie considérable qu'a le rotor dans les fortes machines ; il donne une excellente régulation avec des écarts de 10 % environ pour décharge et de 5 % pour pleine charge brusque avec retour à la vitesse normale en cinq à six secondes et il a l'avantage d'être très simple et robuste.

Régulateurs à pression d'eau

Dans cet appareil, dont la figure 132 montre un spécimen, la pression de l'eau qui actionne la turbine agit dans un cylindre muni d'un piston et un régulateur à boules (tachymètre) commande l'admission d'eau dans ce cylindre. Quand les boules s'élèvent par l'accélération de la vitesse, l'eau chasse le cylindre mobile qui ferme la vanne de la turbine ; dès que la vitesse normale est retrouvée, l'eau cesse d'entrer dans le cylindre qui est ramené en arrière par un ressort ou un contrepoids.

Divers dispositifs utilisent ce principe en modifiant plus ou moins les organes.

Dans le régulateur Bouvier, une pompe à engrenages mue par une courroie envoie l'eau dans un cylindre avec piston dont la tige agit sur le vannage de la turbine. Le tachymètre obture ou ouvre les orifices d'admission entre la pompe et le cylindre selon les variations de vitesse de la turbine ; ce régulateur à eau est à servomoteur dans le genre de ceux décrits ci-après.

Fig. 132 - Régulateur Gandillon et Vigreux.

Régulateur à pression d'huile à simple action pour turbines
(*Ateliers de Vevey*, Suisse)

Ce régulateur comporte un servomoteur à piston sur lequel agit l'huile constamment refoulée par une pompe à engrenages entraînée par une courroie ; la commande de l'admission d'huile sur l'une ou l'autre face du piston étant faite par un régulateur à boules servant de tachymètre ; en voici la description (fig. 133).

Une pompe à engrenages A, sans soupape ni clapet, refoule de l'huile sous pression dans le tiroir de distribution B et de là, suivant la position du piston-flotteur C, sur l'une ou l'autre des faces D et E du piston du servomoteur.

Un pointeau G qui suit tous les mouvements du tachymètre à ressorts H détermine la position du piston-flotteur qui est mû par l'huile sous pression.

Les résistances qui s'opposent au déplacement du tachymètre sont très faibles, ce qui permet d'obtenir un réglage précis.

Lors d'une décharge brusque, par exemple, il se produit une augmentation de vitesse de la turbine communiquée au tachymètre par la poulie I et les engrenages K. Le manchon L monte, entraînant le pointeau G et par suite le piston flotteur C ; ce dernier découvre le canal par lequel l'huile sous pression agit sur la face E du piston du servomoteur qui, en se déplaçant, ferme le distributeur de la turbine par l'intermédiaire d'une tringlerie appropriée. Une came M, d'un profil déterminé, se meut avec le piston ; elle provoque l'asservissement du régulateur et limite la fermeture de la turbine à la valeur correspondant au nouvel état d'équilibre. Les oscillations sont amorties par un frein à huile N et un ressort O.

Le changement de vitesse pendant la marche s'obtient par le ressort P qui charge ou décharge le manchon du tachymètre. Ce ressort est manœuvré soit à la main, soit à distance à l'aide d'un petit moteur électrique.

Lorsque le régulateur est en équilibre et que la vitesse est normale, l'huile passe par le tiroir sans être utilisée ; elle retourne au réservoir presque sans pression et la pompe travaille avec une faible charge.

Un dispositif simple pour le réglage à main est adapté à chaque régulateur ; il peut être embrayé rapidement en marche au moyen d'un verrou.

Régulateur à pression d'huile à double action pour roues Pelton

Cet appareil comporte deux servomoteurs agissant l'un sur un déflecteur qui détourne le jet hors de la roue et l'autre sur le pointeau de fermeture de la tuyère ; il est commandé par une seule courroie (*Ateliers de Vevey*, Suisse) : en voici la description (fig. 134) :

Une pompe à engrenages A, sans soupape ni clapet, commandée par la poulie B, fournit l'huile sous pression pour la manœuvre des deux pistons C et D, dont l'un C, est accouplé rigidement au pointeau de la turbine et l'autre D, à la tringlerie de commande du déflecteur.

L'huile refoulée par la pompe est conduite dans les deux soupapes de réglage E et G, placées sous la dépendance du même tachymètre H et de là, suivant la position des pistons-flotteurs, dans les espaces annulaires I et K. La pression s'exerce sur un seul côté des pistons C et D ; la contre-

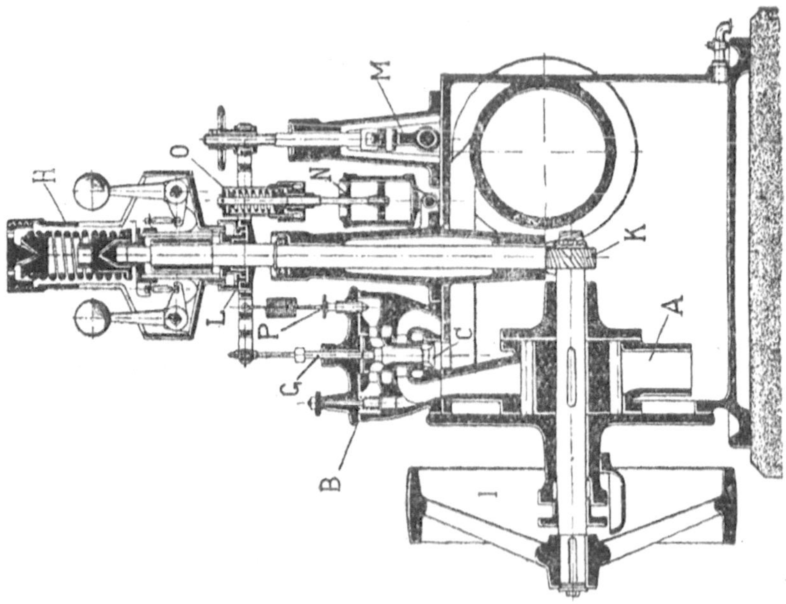
H
O
M
N
L
P
G
C
B
A
K
I

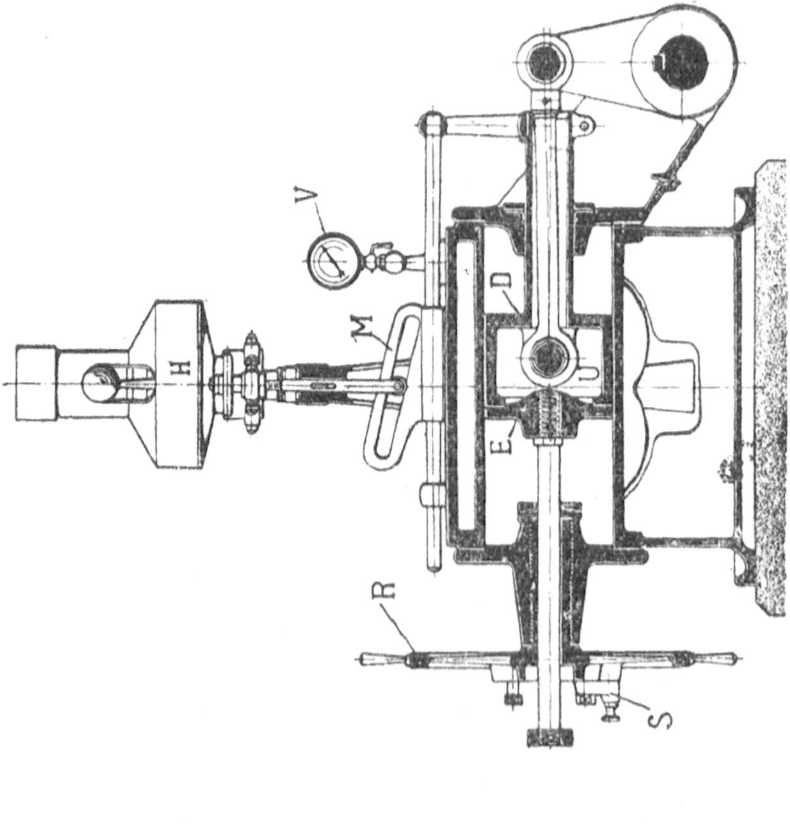
V
H
M
D
U
E
R
S

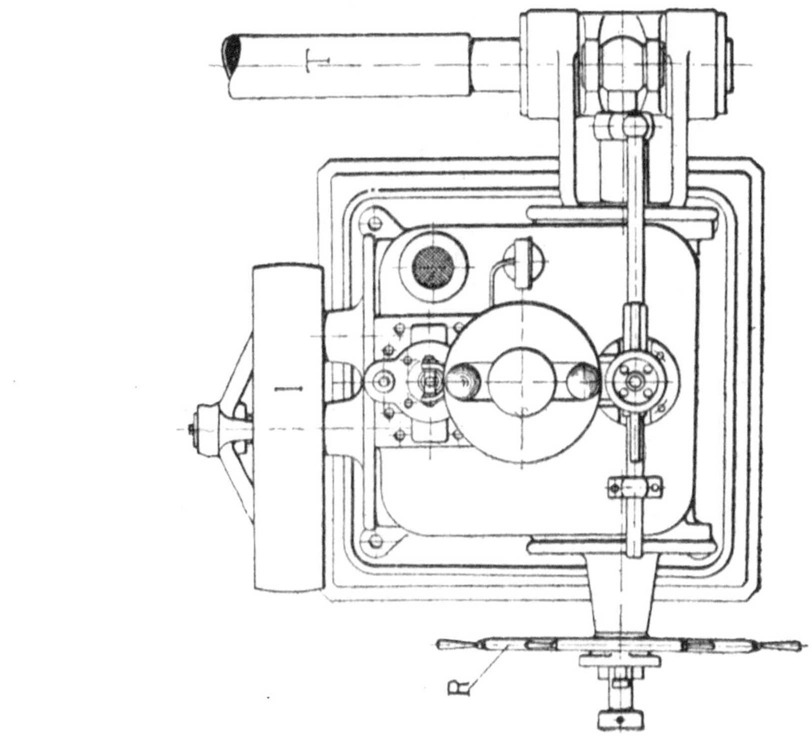

A. Pompe à engrenages.
B. Soupape de réglage.
H. Tachymètre à ressort.
I. Poulie de commande.
K. Engrenages hélicoïdaux.
M. Came d'asservissement.
N. Frein à huile.
O. Ressort compensateur.
P. Dispositif pour varier le nombre de tours.
R. Volant du réglage à main.
S. Verrou du réglage à main.
T. Arbre de réglage.
U. Piston du servo-moteur.
V Manomètre.

Fig. 133 – Tachymètre à servomoteur, simple effet.

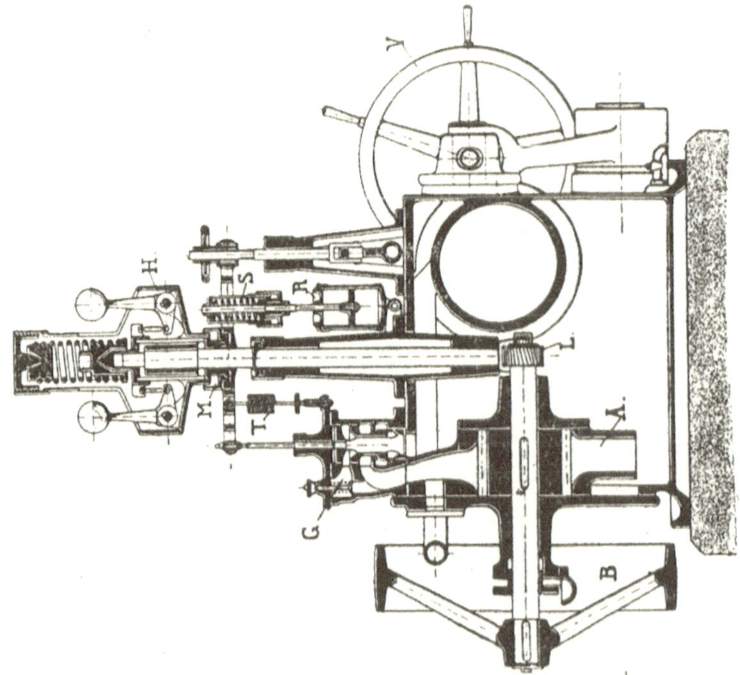
Y
H
S
R
L
M
T
A
G
B

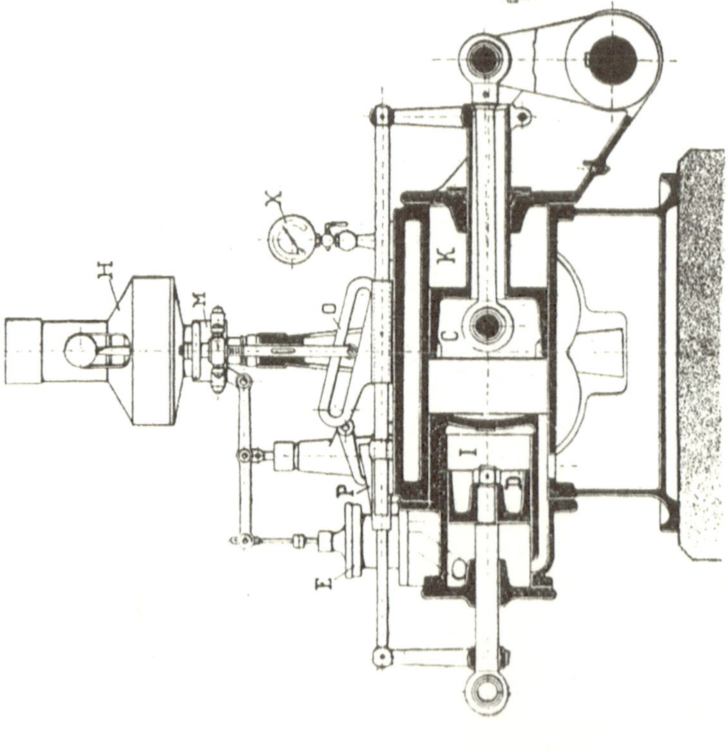
X
H
M
O
K
C
I
D
P
E

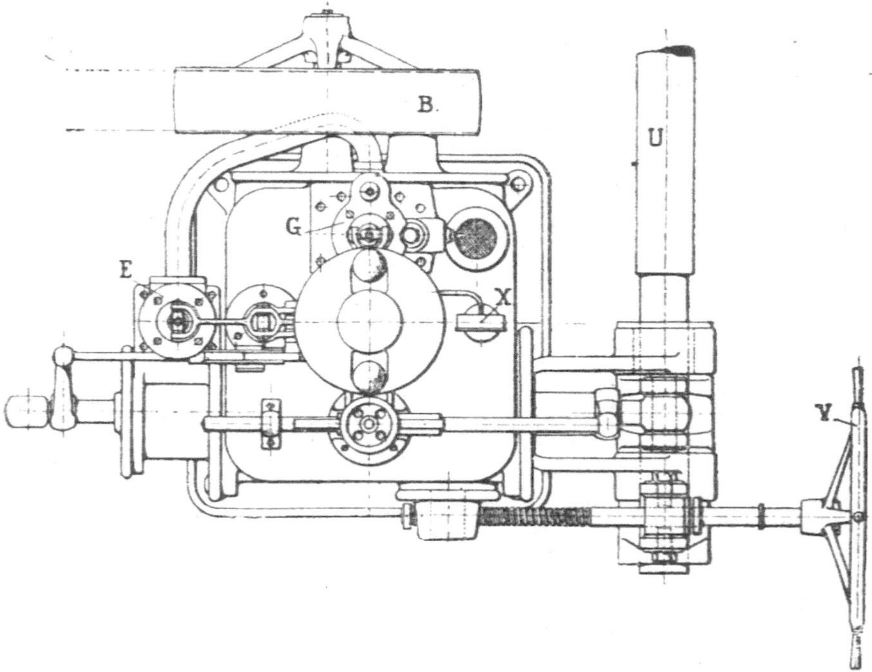

LÉGENDE

A. Pompe à engrenages.
B. Poulie de commande.
C.-D. Pistons des servo-moteurs.
E.-G. Soupapes de réglage.
H. Tachymètre à ressort.
L. Engrenages hélicoïdaux.
O.-P. Cames d'asservissement.
R. Frein à huile.
S. Ressort compensateur.
T. Dispositif pour varier le nombre de tours.
U. Arbre de réglage.
V. Volant du réglage à main.
X. Manomètre.

Fig. 134 - Tachymètre à servomoteur, double effet.

pression est fournie par deux ressorts ; l'un tend toujours à fermer le pointeau, l'autre à ramener le déflecteur dans sa position de repos.

Lors d'une décharge brusque, par exemple, l'augmentation de vitesse de la turbine est communiquée au tachymètre par la poulie B et les engrenages L. Le manchon M monte en provoquant le déplacement des pistons-flotteurs ; celui de la soupape E découvre le canal par lequel l'huile s'introduit dans l'espace annulaire I ; le piston D se déplace en entraînant le déflecteur et en chassant le jet hors de la roue.

En même temps, le piston de la soupape G met en communication l'espace annulaire K avec le réservoir par l'intermédiaire d'un orifice réglable. L'huile est expulsée sous l'action du ressort antagoniste et le pointeau se ferme lentement ; sa vitesse est calculée pour éviter tout coup de bélier dans la conduite d'amenée d'eau à la turbine.

En cas de charge, l'huile sous pression entre dans la chambre K et ouvre le pointeau en comprimant le ressort.

L'asservissement du régulateur est obtenu à l'aide des cames O et P qui sont solidaires des pistons ; l'une limite l'ouverture du distributeur à la valeur correspondant au nouvel état d'équilibre, l'autre ramène le déflecteur dans une position tangente au jet. Les oscillations sont amorties par un frein à huile R et un ressort compensateur S.

Le changement de vitesse pendant la marche est provoqué par le ressort T qui charge ou décharge le manchon du tachymètre. Ce ressort est manœuvré soit à la main, soit à distance à l'aide d'un petit moteur électrique.

Chapitre IX

Moteurs hydrauliques anciens utilisant la pression de l'eau

Les moteurs hydrauliques de cette catégorie sont à mouvement alternatif ; on en a construit à cylindre oscillant ayant absolument le même mécanisme qu'une machine à vapeur de ce type ; on peut aussi les faire comme une machine à vapeur ou à air comprimé avec soupapes ou tiroir pour la distribution. L'eau est un fluide qui peut agir comme la vapeur ou l'air comprimé, mais il n'est pas élastique, ce qui oblige à une marche très lente du moteur. Le moteur *Schmid* de Zurich et le moteur *Brotherhood* sont décrits dans le dictionnaire *Lami* ; le moteur *Schmid* est à cylindre oscillant à double effet et les moteurs *Brotherhood* comportent trois pistons plongeurs à simple effet avec distribution par tiroir ; ces moteurs ne présentent pas grand intérêt maintenant.

Les grues, cabestans et palans emploient des cylindres à eau sous pression avec pistons agissant directement sur les chaînes de levage ; nous les avons décrits au volume IV de cette Encyclopédie.

On a employé dans les mines des machines hydrauliques destinées à l'élévation des eaux du fond ; la première de ces machines était celle dite de *Chemnitz*, établie en Hongrie en 1755, dérivée de la *Fontaine de Héron d'Alexandrie* qui vivait cent vingt ans avant J.-C. Ces appareils sont décrits dans tous les traités de physique, nous dirons quelques mots de la machine de Chemnitz : un premier réservoir clos R, figure 135, est situé au niveau de l'orifice du puits de la mine et reçoit un courant d'eau sous pression provenant d'un bac R_1 situé à une hauteur *h* supérieure à la profondeur du puits de mine : l'eau comprime l'air dans le réservoir R et cet air comprimé est envoyé dans un deuxième réservoir clos R', situé au fond du puits, qui reçoit par le tuyau à robinet *r''* les eaux qu'il s'agit d'épuiser. Quand la pression de l'air est devenue suffisante, il expulse l'eau de R' par un tuyau

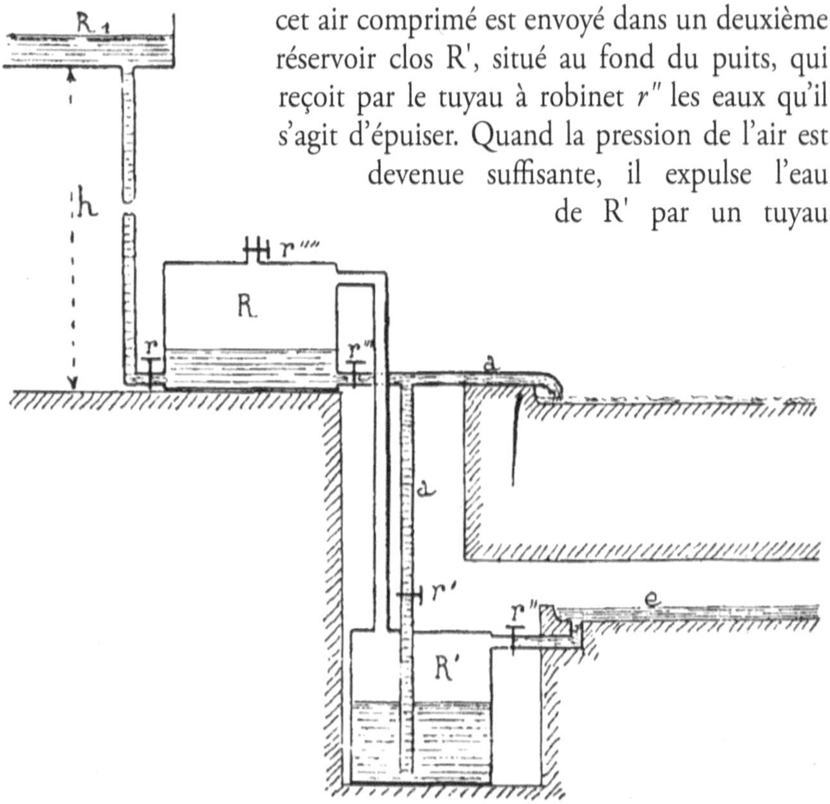

Fig. 135 - Schéma de la Fontaine de Héron d'Alexandrie.tif

a débouchant au-dessus du sol. On fait fonctionner la machine en manœuvrant convenablement les robinets *r*, *r'* et *r''* pour expulser l'eau du réservoir R quand elle a produit son effet et remplir R'.

On peut réaliser la manœuvre automatique de ces robinets.

Les machines à colonne d'eau ont été employées autrefois pour épuiser l'eau des mines ; celle à simple effet fut inventée en 1736 par Bélidor et perfectionnée par Juncker en France vers 1830 et par de Reichenbach en Bavière, qui la firent à double effet. Elles comportent un long cylindre dans lequel se meut un piston dont la tige est manchonnée directement sur la tige du piston de la pompe d'épuisement, ce qui évite tout mécanisme de transmission et constitue un avantage ; l'eau est admise sous le piston de la machine et sa hauteur de chute doit être suffisante pour soulever ce piston et sa tige qui pèsent quelquefois plusieurs milliers de kilogrammes. Dans la machine à simple effet, le poids de la tige du piston est suffisant pour refouler l'eau de la pompe hors du puits de mine ; dans les machines à double effet, l'eau de la chute est amenée successivement sur les deux faces du piston moteur. La distribution de l'eau se fait dans les deux cas au moyen d'un tiroir cylindrique avec deux pistons équilibrés sous la pression de l'eau.

En raison de la non-élasticité de l'eau la bonne marche de ces machines a nécessité l'application de dispositifs ingénieux qui donnent la fermeture très progressive des orifices ; on en trouvera la description complète dans le dictionnaire *Lami* à l'article moteur hydraulique et dans le *Manuel de l'ingénieur* de Bebauve, fascicule 8, pages 352 à 360.

Partie III

Les moteurs électriques

Chapitre I

Généralités

Le fonctionnement des moteurs électriques repose sur les phénomènes de l'induction électro-magnétique ; nous les avons étudiés dans le volume Ier du livre : *Comment on devient électricien-mécanicien*. Quant à la construction de ces moteurs, elle constitue une industrie tout à fait spéciale et son étude est trop importante pour que nous puissions l'entreprendre ici.

Nous envisageons donc seulement l'utilisation du moteur électrique dans les ateliers où l'on emploie selon leur appropriation aux besoins, les types suivants :

1. - Moteurs à courant continu ; à cause de leur aptitude à démarrer sous charge, ces moteurs sont préférables toutes les fois que des démarrages fréquents sont nécessaires et que le moteur est accouplé directement à la machine d'utilisation. Selon leur mode d'excitation, on distingue :

- Les **moteurs série** : grande puissance de démarrage, vitesse croissante si la résistance diminue ; applicables à la traction, aux ascenseurs et appareils de levage où le contrôle de la vitesse est fait à la main du conducteur.
- Les **moteurs en dérivation** ou **shunt** : puissance de démarrage, vitesse ne pouvant pas dépasser celle prévue par le constructeur même en marche à vide ; utilisés généralement pour toutes les machines-outils.
- Les **moteurs compound** : puissants au démarrage, grande régularité de vitesse même en cas de surcharges brusques :

appliqués aux machines dont la vitesse doit être constante même en cas de variations dans la charge ou dans la tension du courant du secteur et aux appareils de levage.

2. - Moteurs à courants alternatifs. — Ces moteurs ne peuvent pas démarrer à pleine charge, certains ne peuvent démarrer qu'à vide (moteurs en court-circuit) et d'autres doivent être mis artificiellement en vitesse avant d'être mis en circuit d'alimentation normal (moteurs synchrones).

Malgré ces inconvénients que l'on supprime par des combinaisons mécaniques ou électriques, les moteurs d'alternatif sont les plus répandus à cause de la facilité de transporter au loin et de transformer les courants alternatifs par des transformateurs simples (transformateurs statiques). Nous donnons ci-après quelques documents sur les divers moteurs électriques. Tout moteur électrique doit être précédé d'un coupe-circuit garni de plombs fusibles, de grosseur appropriée à l'intensité du courant dépensé. Voir chapitre IV ci-après.

Chapitre II

Moteurs à courant continu

Un moteur à courant continu est construit comme une dynamo génératrice et une telle machine peut être employée indifféremment comme génératrice ou comme moteur.

La seule modification à lui faire subir pour l'un ou l'autre emploi est un léger décalage des balais qui doivent, dans le cas de la génératrice, être avancés sur le collecteur par rapport au plan de commutation normal et, dans le cas du moteur, être reculés un peu en arrière de ce plan de commutation (nous savons que le plan de commutation passe à égale distance des pôles, c'est-à-dire par la ligne neutre du champ magnétique de l'inducteur).

On s'aperçoit, du reste, de la nécessité de régler le calage des balais parce qu'ils crachent des étincelles. L'ouvrier procède alors par tâtonnements en faisant osciller un peu le support des porte-balais en arrière ou en avant, jusqu'à ce qu'il ait atteint la position où il y a le moins de crachements d'étincelles. Si les balais portent bien sur le collecteur en bon état, il ne doit alors se produire aucune étincelle aux balais.

Excitation des moteurs à courant continu

De même que pour les dynamos génératrices, le champ magnétique des moteurs à courant continu peut être alimenté ou excité de trois manières bien différentes qui sont :

1. - *Excitation en série* (**moteur série**) dans laquelle la totalité du courant passe dans l'inducteur ainsi que dans l'induit (fig. 136, 137 et 138).

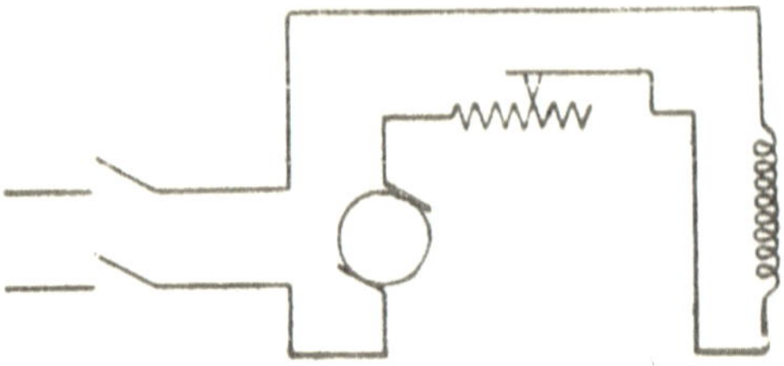

Fig. 136 - Excitation d'un moteur série.

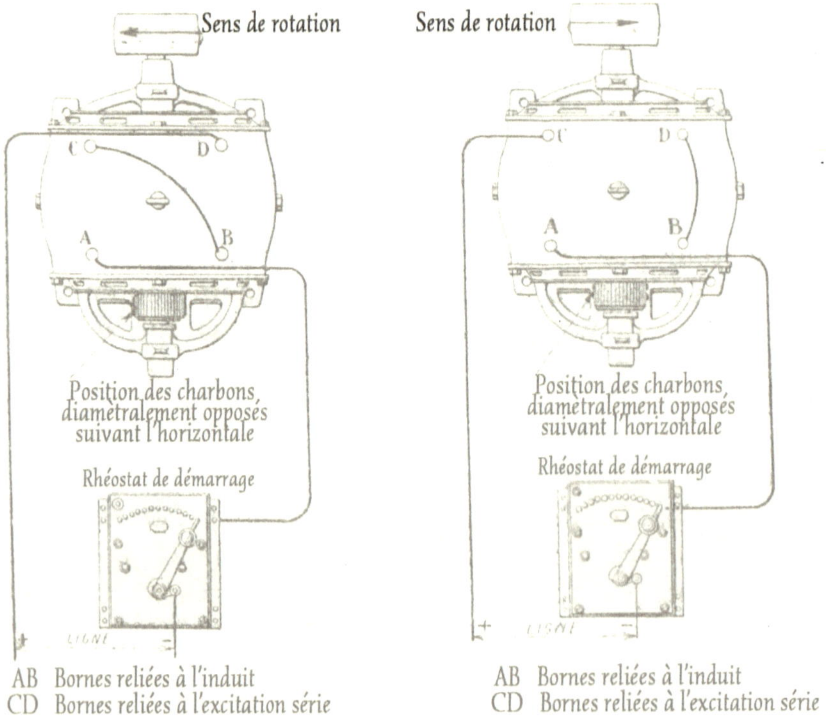

Fig. 137 et 138 - Connexions d'un moteur série.

2. - *Excitation en dérivation* ou shunt (**moteur shunt**) dans laquelle une faible partie, environ un dixième, du courant passe dans les inducteurs, tandis que la presque totalité du courant passe dans l'induit (fig. 139,140,141).

3. - *Excitation compound* (**moteur compound**), le mot compound signifiant *composé*, dans laquelle les bobines inductrices reçoivent une excitation en série et une excitation en dérivation combinées de manière à maintenir constante la vitesse du moteur

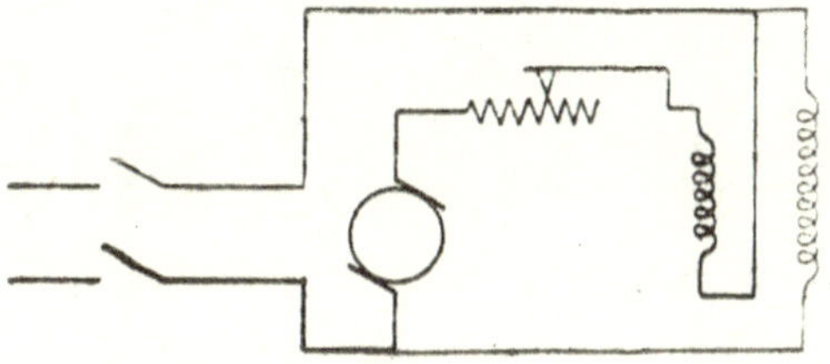

Fig. 139 - Excitation d'un moteur shunt ou en dérivation.

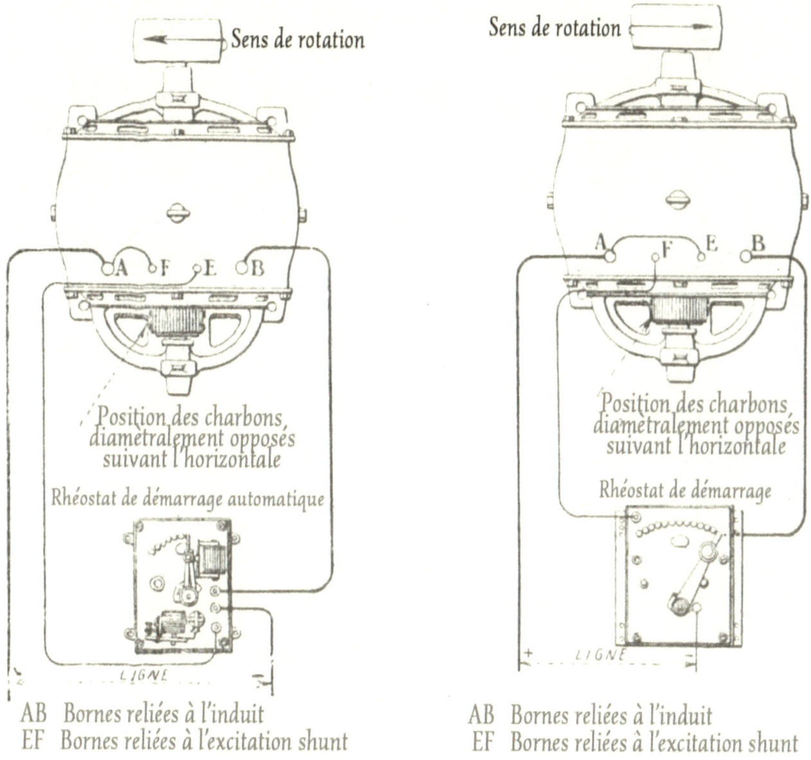

Fig. 140 et 141 - Connexions d'un moteur shunt.

quelle que soit la charge (fig. 142). Le réglage de la vitesse se fait par un rhéostat de démarrage agissant sur le champ magnétique et sur le courant principal ; le rhéostat peut être pourvu d'un système de déclenchement automatique a maxima et a minima, interrompant le circuit si la dépense de courant dépasse certaines limites ou si ce courant vient à manquer pour une cause extérieure.

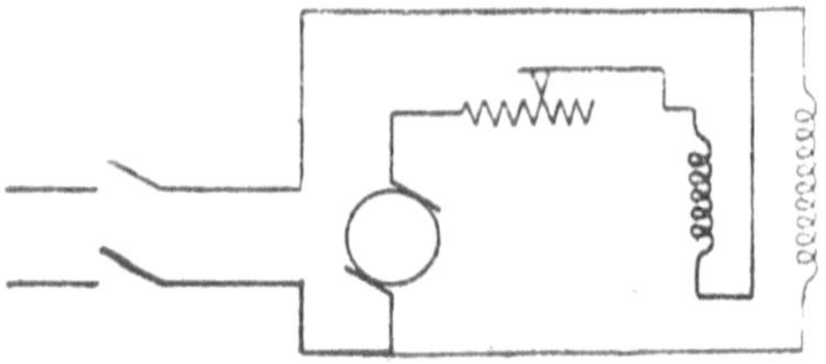

Fig. 142 - Excitation d'un moteur Compound.

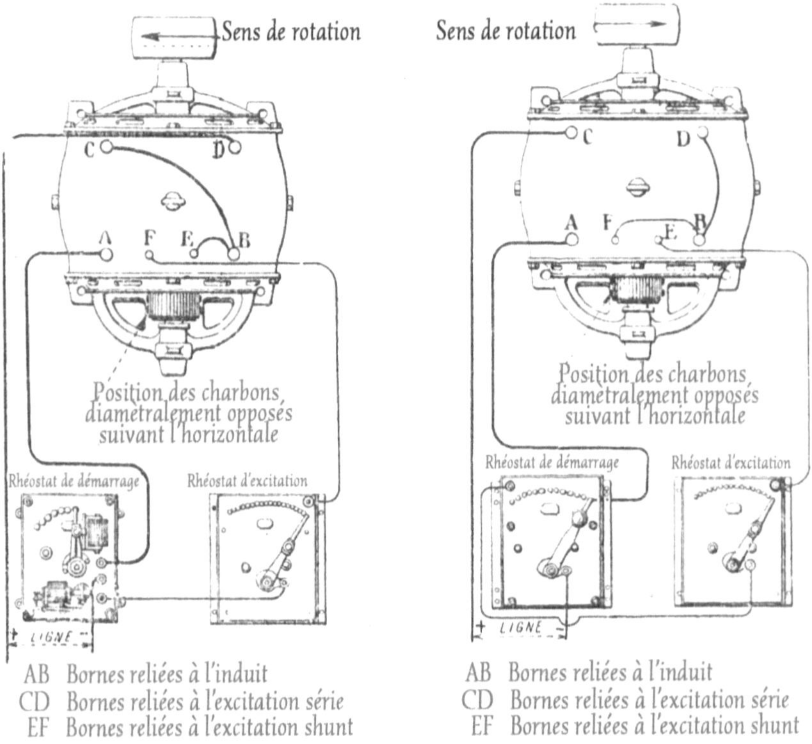

Fig. 143 et 144 - Connexions d'un moteur Compound.

Les figures 143 et 144 montrent les connexions des moteurs et des rhéostats dans les divers cas.

Inversion du sens de marche dans un moteur à courant continu.

Pour changer le sens de marche, il suffit de changer le sens du courant dans les bobines inductrices, comme le montrent les figures ci-dessus.

Nombre maximum d'ampères absorbés selon la puissance du moteur.

VOLTS	PUISSANCE MAXIMUM du moteur en chevaux	AMPÈRES LIMITE maximum
110	0,11 — 0,27	1,15 — 2,8
	0,33 — 1	3,4 — 10
	1,1 — 2,25	10,4 — 20
	2,5 — 3,2	22 — 28,5
	3,7 — 4,5	33 — 38,5
	5 — 7,25	44 — 59
	7,6 — 9	63,5 — 72
	10 — 13	80 — 108
	14,5 — 17	119 — 132
	19 — 25	150 — 194
	32 — 36	250 — 278
220	0,11 — 0,27	0,58 — 1,38
	0,33 — 0,95	1,7 — 4,5
	1,1 — 2,5	5,5 — 11,2
	2,6 — 4	11,5 — 17
	4,25 — 5,5	18,5 — 23,5
	5,75 — 7	24 — 28,5
	7,2 — 9,5	30 — 38,5
	10 — 13,5	42 — 57
	15 — 18	58,5 — 71
	20 — 24	78,5 — 93
	30 — 35	116 — 136
440	0,6 — 1	1,54 — 2,57
	1,2 — 2,5	2,8 — 5,6
	2,75 — 3,9	6,5 — 8,9
	4 — 5,5	8,9 — 11,2
	5,6 — 7,5	12,2 — 16,1
	8 — 10,5	17 — 21
	11,5 — 14,5	24 — 30
	17 — 21	34 — 41
	22 — 32	44 — 63

Chapitre III

Moteurs pour courants alternatifs

Moteurs synchrones

Les alternateurs sont des machines réversibles, absolument comme les dynamos à courant continu, c'est-à-dire que si l'on accouple deux alternateurs ayant leurs circuits inducteurs alimentés de courant continu et qu'on fasse tourner l'un en génératrice, l'autre pourra être employé comme moteur. Mais il ne fonctionnera comme moteur qu'à la condition d'être en concordance de phase et de fréquence avec l'alternateur-générateur dont il suivra alors exactement la vitesse de rotation.

Un moteur synchrone ne démarre donc pas par la simple admission du courant alternatif. Il faut d'abord le lancer à la vitesse de synchronisme, ce qui s'obtient au moyen d'un moteur auxiliaire.

Avec les moteurs synchrones triphasés, le démarrage est obtenu par la simple admission du courant triphasé, le circuit inducteur étant alors interrompu ; on excite le moteur lorsqu'il a atteint la vitesse de synchronisme.

Enfin dans certains moteurs synchrones monophasés il y a enroulement auxiliaire de démarrage permettant la création d'un champ tournant au moyen de courants décalés par des bobines de self-induction.

Les moteurs synchrones sont peu employés dans la pratique industrielle à cause de leurs complications de démarrage et du décrochage qu'ils subissent en cas de surcharge brusque et importante. On les utilise dans le cas où l'on a besoin d'une vitesse absolument constante, quelle que soit la charge imposée au moteur, ou d'une grande puissance de démarrage (trains de laminoirs). On les emploie aussi à cause de leur rendement supérieur à celui des moteurs asynchrones lorsqu'ils ne travaillent pas constamment à pleine charge.

Moteurs asynchrones

Les courants alternatifs distribués par les secteurs publics sont généralement des courants triphasés à 50 périodes par seconde. La démonstration élémentaire qui suit sera donc faite en prenant pour type un de ces moteurs qui sont représentés, tel que l'industrie nous les livre, par les figures 147 à 149.

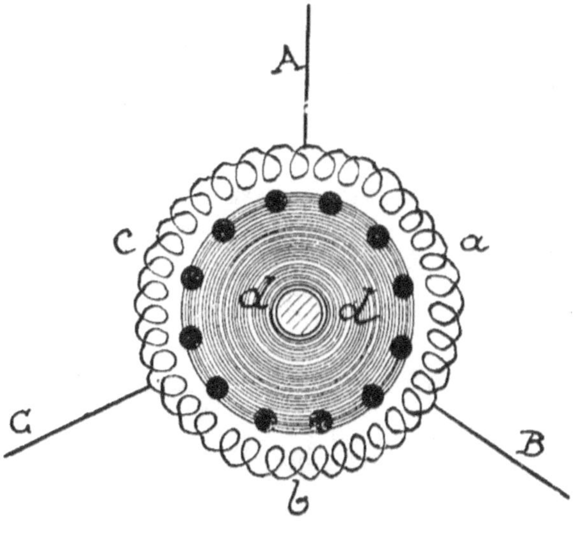

Fig. 145 - Schéma d'un moteur triphasé.

Dans la carcasse de ce moteur il y a des bobinages groupés tout autour par séries de trois, comme le montre la figure 145. Ces bobinages sont faits sur une pesante armature composée de tôles minces serrées les unes contre les autres. L'ensemble de ces tôles et de ces bobinages constitue le stator du moteur. Le courant alternatif est amené au stator par 3 câbles ABC. Le courant amené par A traverse le bobinage *a* et va en B (fig. 145). Le courant amené par B traverse le bobinage *b* et va en C, etc.

Ces courants, se succédant à un tiers de période, comme nous l'avons exposé précédemment, courent l'un après l'autre tout autour du stator et, naturellement, le champ magnétique que créent ces courants, les suit dans ce mouvement de rotation : il se forme donc un champ magnétique tournant, simplement par la nature spéciale du courant alternatif et sans l'intervention d'aucun mécanisme.

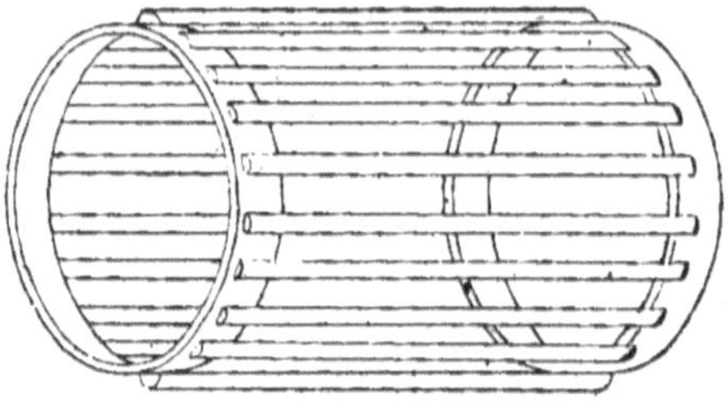

Fig. 146 - Schéma d'un rotor en cage d'écureuil.

Si, dans l'intérieur du stator, nous plaçons un induit ou rotor formé de barres métalliques soudées à deux disques en forme de cage d'écureuil, comme le montre la figure 146, ou garni de bobinages convenablement disposés, le champ magnétique du stator développera, par induction, dans cet induit, des courants énergiques qui seront attirés par les courants qui circulent dans les bobinages du stator. Mais, comme ces courants se déplacent constamment tout autour du stator, le rotor suivra ce mouvement de rotation.

Et notre moteur alternatif tournera sans collecteur, sans balais : c'est un moteur à champ tournant, que l'on nomme aussi moteur asynchrone (le mot asynchrone signifie : pas en même temps), parce que ce moteur n'est pas forcément en concordance de phase avec l'alternateur qui lui fournit le courant.

L'induit suit le champ tournant du stator avec un certain retard qu'on appelle le glissement.

Les moteurs asynchrones marchent à vitesse à peu près constante. Le glissement, c'est-à-dire la différence entre marche à vide et en charge, est compris suivant les types entre 3 et 7 %.

En charge la vitesse tombe de 3 à 8 % suivant le type du moteur et la puissance. Une chute de vitesse plus grande, et même le ralentissement à vide, peuvent être obtenus, avec les moteurs bobinés, par l'introduction de résistances dans le rotor, mais au détriment du rendement. Ainsi un moteur faisant 3 HP à 1 500 tours par minute, pourra faire environ 2 HP à 1 000 tours en perdant inutilement 1 HP dans la résistance de réglage.

On voit combien ce moteur est simple, comparé aux moteurs à courant continu.

Le moteur asynchrone à cage d'écureuil est aussi appelé moteur en court-circuit parce que les courants induits qui se forment dans l'induit passent dans des circuits complètement fermés sur eux-mêmes.

Fig. 147 à 149 - Moteurs asynchrones.

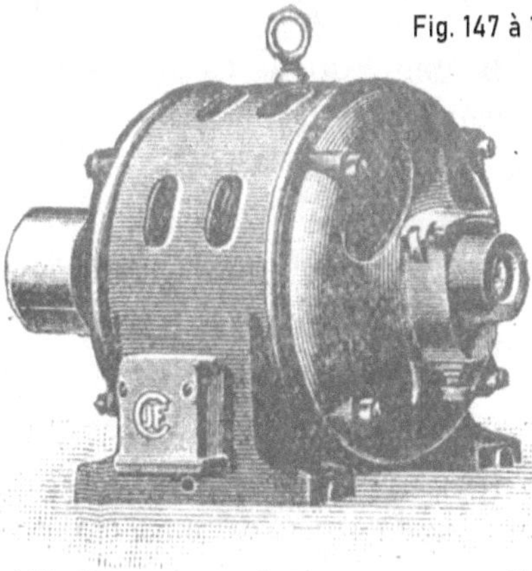

Fig. 147 - Moteur court-circuit rotor en cage d'écureuil.

Fig. 148 - Moteur bobiné à bagues sans relevage des balais.

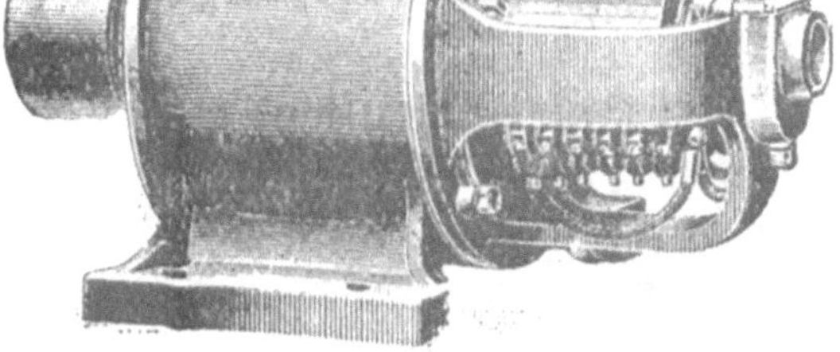

Fig. 148 - Moteur bobiné à bagues avec relevage des balais.

La mise en marche de ces moteurs se fait par la simple fermeture d'un interrupteur. Il en résulte que le courant arrivant d'un seul coup en totalité dans l'inducteur, produit un champ magnétique très puissant qui crée dans le rotor des courants intenses : le démarrage est brutal et produit une forte réaction sur le circuit extérieur, car l'absorption d'énergie au démarrage est considérable à cause même de la brutalité de ce démarrage.

Ces moteurs en court-circuit ne peuvent ainsi convenir qu'aux faibles puissances et ne peuvent démarrer que s'ils ne sont pas en charge ; la moindre résistance de la machine que commandent ces moteurs peut occasionner un échauffement exagéré du rotor et des perturbations dans le circuit extérieur au moment du démarrage. Une fois le moteur démarré, il peut être chargé sans inconvénient et marche dans la perfection.

Il fallait trouver un moyen permettant de démarrer progressivement les moteurs asynchrones de toutes les forces et aussi ceux qui sont en charge modérée. Pour cela il fallait empêcher les courants induits d'envahir brusquement le rotor : on a résolu le problème en construisant des rotors bobinés munis de bagues auxquelles viennent aboutir les extrémités des bobinages.

Sur ces bagues frottent des balais en bronze spécial ou en charbon qui sont reliés à un rhéostat.

Ainsi, au moment du démarrage, des résistances sont interposées dans le circuit du rotor et les courants qui s'y forment sont modérés par ces résistances : le démarrage s'effectue progressivement et sans brutalité.

Quand le moteur a acquis sa vitesse normale, les résistances, les balais et les bagues deviennent inutiles, aussi certains moteurs sont-ils munis d'un mécanisme de mise en court-circuit et relevage des balais ; ces deux opérations se font simultanément par la simple manœuvre d'une fourchette (que l'on voit sur la figure 149 au-dessus des bagues) reliée à une manette ou à un petit volant.

Les dispositifs de mise en court-circuit et relevage des balais varient selon les constructeurs ; il sera bon de les examiner attentivement quand vous achèterez un moteur.

Certains moteurs sont munis d'un dispositif basé sur l'action de la force centrifuge réalisant automatiquement la mise en court-circuit et le relevage. Ce procédé est peu employé parce que ces organes automatiques ne fonctionnent pas toujours très bien..

Donc, il est bien compris que le stator d'un moteur d'alternatif doit être bobiné spécialement selon qu'il doit recevoir des courants biphasés ou triphasés. Dans ces deux cas, le rotor formé de barres en cage d'écureuil ne mérite pas d'autres explications que celles déjà données.

Les rotors bobinés ont toujours trois séries d'enroulements ; les extrémités des fils de ces enroulements sont soudées respectivement à trois bagues en bronze fixées et isolées sur l'arbre du moteur.

Sur ces bagues frottent trois balais en bronze spécial (bronze tendre et gras, bronze plombeux) isolés entre eux et dont la présence n'a pour but que de permettre d'introduire des résistances entre les circuits du rotor au moment du démarrage. Dès que le moteur a pris sa vitesse normale, les bagues et les balais ne servent plus à rien qu'à maintenir la communication entre les bobinages du rotor : pour éviter l'usure de ces balais et bagues, on relève les balais après avoir mis en court-circuit les bobinages du rotor.

Généralement la mise en court-circuit est faite par une tige de bronze qui est dans l'intérieur de l'arbre du moteur, où elle passe dans un fourreau de matière isolante. En poussant cette tige, son extrémité intérieure met en court-circuit les trois bagues. À ce moment, les trois balais sont relevés par une tringle en métal garnie d'un isolant quelconque.

Ces deux mouvements : mise en court-circuit des trois bagues et relevage des balais sont faits simultanément par la manœuvre d'un seul levier.

À partir de cet instant, le moteur fonctionne comme un moteur en court-circuit.

Il faut avoir bien soin, quand on arrête un moteur d'alternatif, de ramener toujours la manette du rhéostat au plot mort, afin d'éviter un coup de feu au moteur quand on voudra le remettre en marche ; ici le moindre inconvénient serait la fusion des plombs du coupe-circuit.

Dans les moteurs bobinés à bagues, avec relevage des balais, il arrive que le moteur démarre bien par le rhéostat, mais qu'il s'arrête au moment où l'on opère le relevage des balais au moyen du levier spécial : ceci provient de ce que la mise en court-circuit des trois bagues du rotor ne se fait pas convenablement, lorsque le mécanisme qui opère cette mise en court-circuit est usé ou encrassé. Il faudrait alors démonter la tige ou le collier qui donne le court-circuit, les vérifier, nettoyer et remonter correctement.

Au cas où vous ne pourriez pas, ou ne voudriez pas faire tout de suite cette réparation, vous n'avez qu'à faire marcher le moteur sans relever les balais, cela n'a aucun inconvénient car, ainsi que nous l'avons expliqué, le relevage des balais n'est qu'un accessoire non indispensable à la bonne marche du moteur.

Les moteurs employant les courants monophasés sont d'une construction spéciale au stator, et leur rotor est à bagues ou à collecteur. Ils se conduisent comme les moteurs ci-dessus décrits. Ces moteurs monophasés sont rarement employés maintenant dans les secteurs publics.

En résumé, les moteurs asynchrones se classent comme suit :

– Moteurs à **cage d'écureuil** ou **court-circuit** de 1/20 à 1 ½ ou 2 chevaux.
– Moteurs en **court-circuit bobinés** de ½ à 4 chevaux.
– Moteurs **bobinés à bagues**, avec rhéostat de démarrage :
  · Sans relevage des balais, la mise en court-circuit étant faite par le rhéostat au dernier plot ;
  · Avec relevage des balais et mise en court-circuit par une manette sur le moteur ;
  · Avec mise en court-circuit et relevage des balais automatiques par dispositif centrifuge.

Les moteurs asynchrones bobinés à bagues se construisent pour toutes les puissances depuis ¼ de cheval jusqu'à plus de 500 chevaux-vapeur. Nos gravures montrent quelques spécimens de moteurs à bagues fig. 148 et 149.

Bobinages en étoile ou en triangle

Considérons trois bobines représentées en *abc*, figure 150. Nous pouvons les connecter de deux manières différentes comme en (2) en étoile, ou comme en (1) en triangle. Ces deux modes de connexion des bobinages des stators et des rotors sont employés par les constructeurs d'alternateurs et de moteurs selon les résultats qu'ils désirent obtenir. L'usager d'un moteur n'a pas à s'occuper de ces questions, si nous en parlons ici, c'est simplement pour donner à nos lecteurs une explication de ces deux termes étoile et triangle. Disons seulement que le couplage en étoile du stator est employé pour le démarrage des moteurs bobinés court-circuit, et le couplage en triangle pour la marche normale de ces mêmes moteurs. Le passage d'un couplage à l'autre se fait au moyen d'une sorte

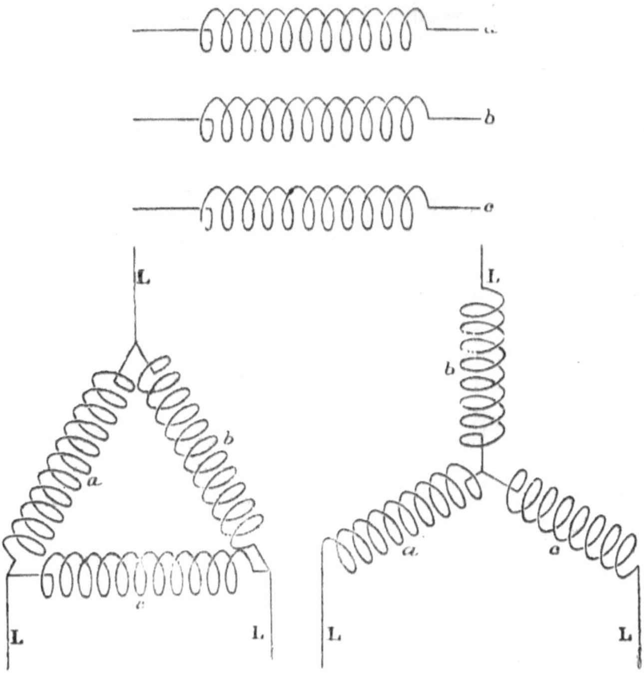

Fig. 150 - Couplages triangle et étoile.tif

d'inverseur spécial dont nous parlerons plus loin. En ce cas, ces moteurs portent six bornes sur leur carcasse, correspondant aux six extrémités des trois bobinages, que l'on peut ainsi réunir en étoile ou en triangle au moyen d'un inverseur spécial.

Les moteurs triphasés à bagues sont généralement bobinés en triangle. Mais, avant d'acheter un moteur, demandez au secteur public si ce moteur doit être bobiné en étoile ou en triangle. Les transformateurs statiques sont accouplés de même en étoile ou en triangle.

Inversion du sens de marche dans les moteurs asynchrones

Pour changer le sens de rotation :

- D'un moteur monophasé : intervertir deux des fils allant de l'interrupteur-inverseur au moteur.
- D'un moteur biphasé : intervertir deux fils de ligne d'une seule phase, par exemple les deux fils arrivant à droite du moteur ;
- D'un moteur triphasé : intervertir deux seulement des fils de ligne arrivant au moteur.

Dans le cas où les inversions de sens de marche doivent être souvent répétées, on dispose, sur les deux fils à intervertir, un inverseur de courant bipolaire.

Mettez d'abord le moteur à l'arrêt complet, ramenez le rhéostat en arrière, inversez le courant et démarrez au rhéostat. Il existe des rhéostats inverseurs. Pour les moteurs court-circuit sans rhéostat, la simple manœuvre de l'inverseur détermine le démarrage en sens inverse.

Moteurs asynchrones monophasés

Le moteur à courant alternatif monophasé ne peut pas démarrer sous la seule influence du courant simple qui ne crée pas d'emblée un champ tournant. Cependant, une fois qu'un moteur biphasé est en marche, si l'on coupe une des phases, le moteur continue à tourner et à effectuer un travail correspondant à la consommation de courant. Il suffit donc d'assurer, par un artifice quelconque, le démarrage d'un moteur asynchrone monophasé pour qu'il puisse être ensuite utilisé avec un rendement d'environ 85 %.

Pour obtenir le démarrage, on met sur le stator (inducteur) un deuxième bobinage alimenté par une dérivation du courant principal décalé au moyen d'une résistance (bobine de self-induction) ou d'un condensateur. On obtient ainsi deux courants décalés l'un par rapport à l'autre, qui créent le champ tournant nécessaire au démarrage. Celui-ci effectué, on coupe le courant de la dérivation et le moteur continue à tourner. Le démarrage s'effectue avec un simple inverseur bipolaire. Ce système est représenté schématiquement figures 151 et 155.

Moteurs monophasés à collecteur

Un moteur série à courant continu, construit spécialement avec des pôles inducteurs formés de tôles minces (feuilletés), peut tourner sous l'influence d'un courant alternatif simple.

Le courant changeant de sens en même temps dans l'inducteur et dans l'induit, les attractions brèves, mais nombreuses, dues au courant alternatif, expliquent parfaitement la rotation du moteur et son bon rendement.

Mais, afin d'éviter la production d'étincelles aux balais, la construction des moteurs monophasés à collecteur est spécialement faite : elle comporte principalement plusieurs séries de pôles inducteurs et autant de paires de balais.

Ce genre de moteurs a été appliqué à la traction, aux grues, monte-charges, ascenseurs, etc. Ils ont un bon couple de démarrage, peuvent supporter des surcharges de 50 % sans inconvénient, mais il faut contrôler leur vitesse, ce sont des moteurs série ; ils en ont les qualités et les défauts.

Connexions des moteurs asynchrones

Les figures ci-après montrent les manières de brancher les divers moteurs asynchrones sur le circuit extérieur et le rhéostat ou démarreur.

Fig. 151. — Moteur monophasé court-circuit. — Le démarrage se fait au moyen d'un interrupteur-inverseur tout à fait spécial. Deux fils de ligne sont reliés à cet interrupteur-inverseur.

Trois fils vont de l'interrupteur au moteur.

Un coupe-circuit à deux plombs fusibles avant l'interrupteur.

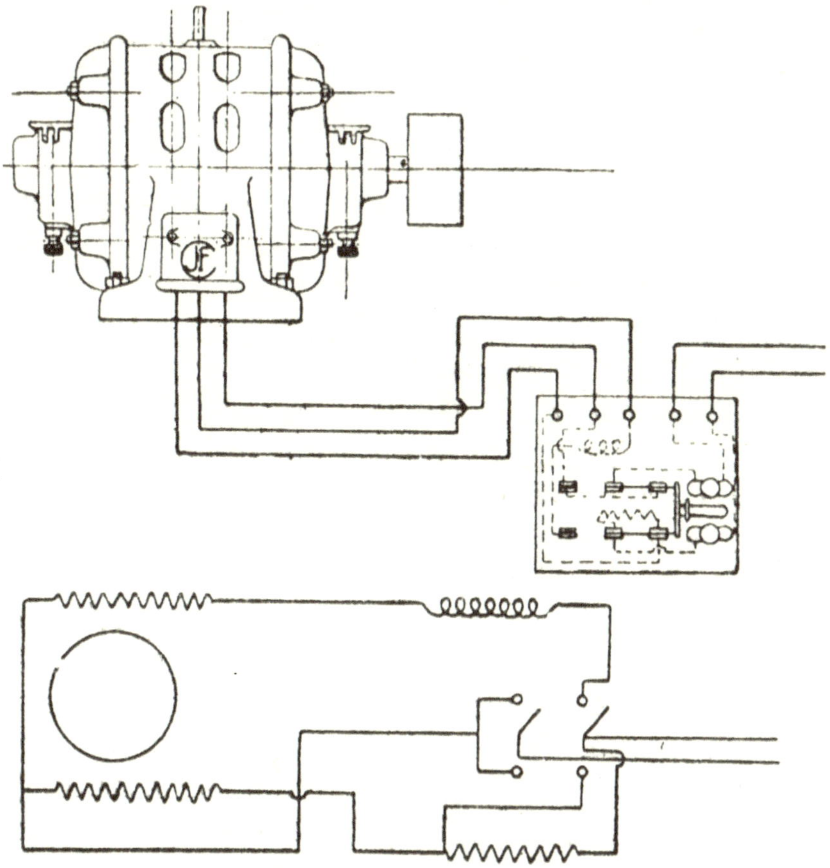

Fig. 151 - Monophasé court-circuit.

Fig. 152. — Moteur biphasé court-circuit. — Quatre fils de ligne sont envoyés au moteur par l'intermédiaire d'un simple interrupteur à quatre couteaux ; un coupe-circuit à quatre plombs fusibles ou deux coupe-circuit à chacun deux plombs fusibles, entre l'interrupteur et le moteur.

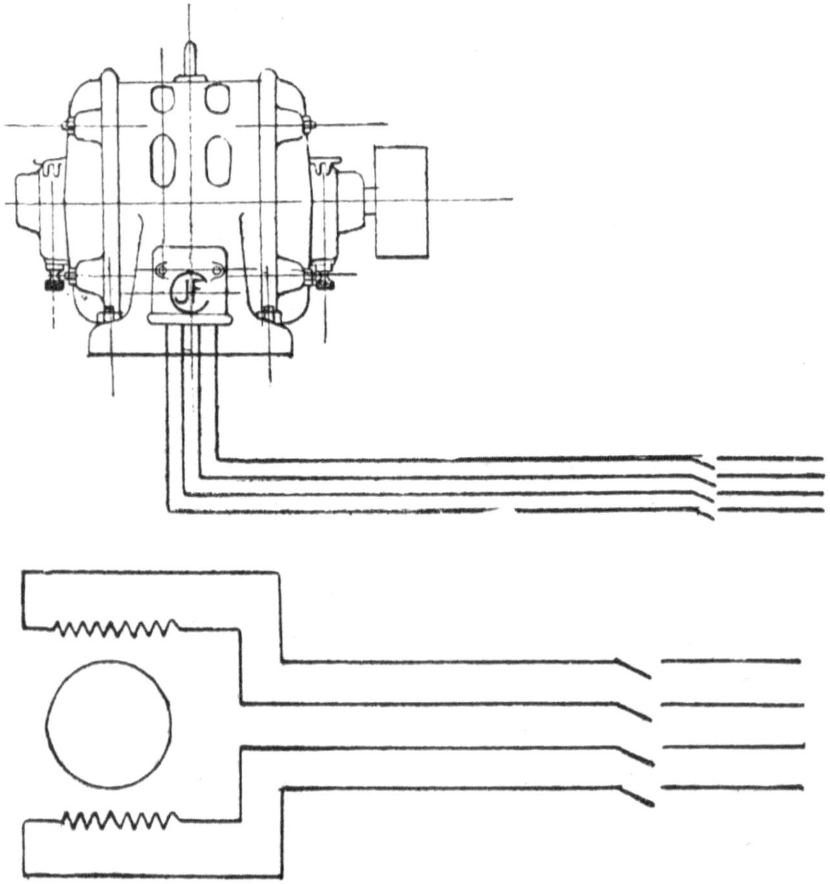

Fig. 152 - Biphasé court-circuit.

Fig. 153. — Moteur triphasé court-circuit. — Trois fils de ligne vont au moteur par l'intermédiaire d'un simple interrupteur à trois couteaux : un coupe-circuit à trois plombs fusibles, entre l'interrupteur et le moteur.

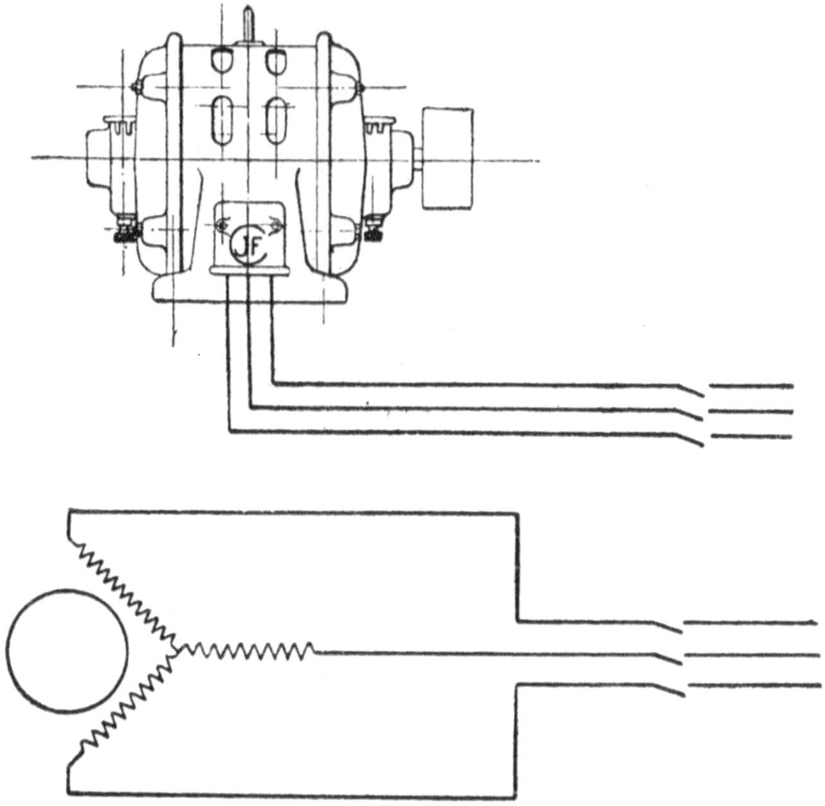

Fig. 153 - Triphasé court-circuit.

Fig. 154. — Moteur triphasé court-circuit avec démarreur spécial dit démarreur étoile-triangle. Cet appareil rend moins brusque le démarrage du moteur, qui se fait en deux temps.

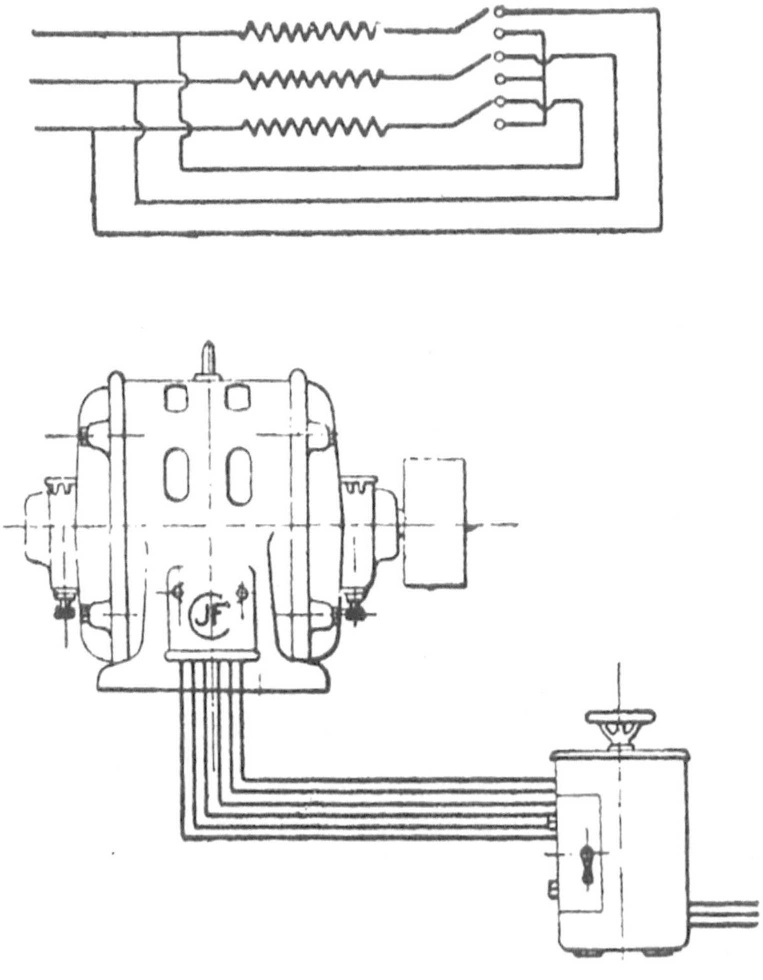

Fig. 154 - Triphasé étoile-triangle.

Un coupe-circuit à trois plombs fusibles doit être placé avant le démarreur.

Démarreur étoile-triangle. Ce démarreur est en réalité un triple interrupteur-inverseur qui a pour but de modifier les connexions des bobinages du stator. En ce cas six fils partent du moteur et vont au démarreur.

Fig. 155. — Moteur monophasé bobiné à bagues. — Le courant arrive par deux fils à l'interrupteur-inverseur d'un modèle spécial.

Trois fils vont de l'interrupteur au moteur et trois autres fils vont des balais du moteur à un rhéostat à trois touches. Un coupe-circuit à deux plombs fusibles avant l'interrupteur.

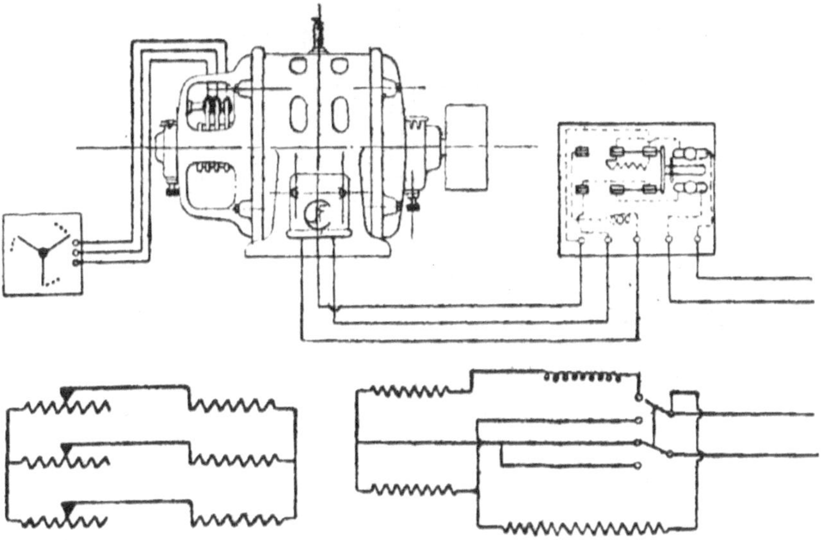

Fig. 155 - Monophasé bobiné.

Fig. 156. — Moteur biphasé bobiné à bagues. — Le courant est amené au moteur par quatre fils de ligne avec un interrupteur à quatre couteaux, et un coupe-circuit à quatre plombs fusibles. Trois fils vont des balais du moteur au rhéostat à trois touches.

Fig. 157. — Moteur triphasé bobiné à bagues. — Le courant arrive au moteur par trois fils de ligne avec un interrupteur à trois couteaux et un coupe-circuit à trois plombs fusibles.

Trois fils vont du moteur au rhéostat de démarrage à trois touches.

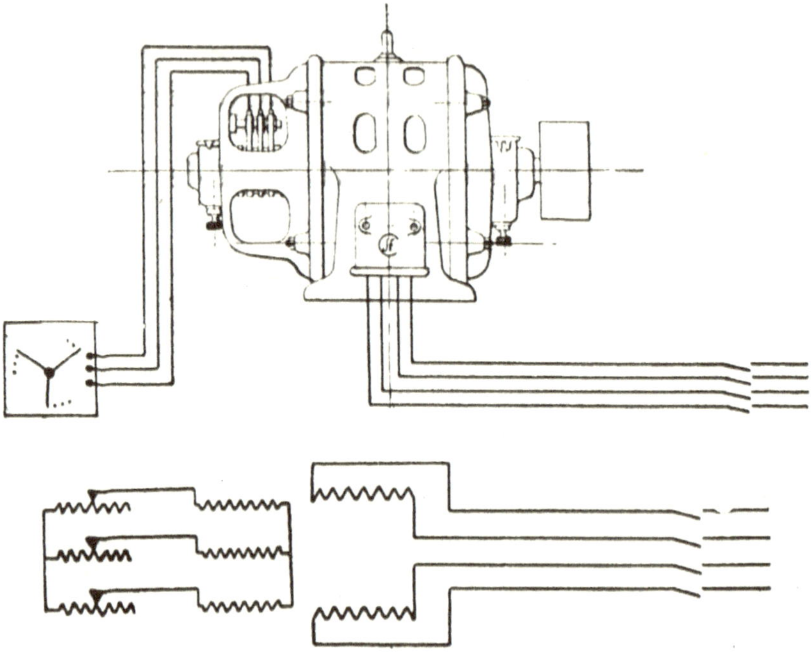

Fig. 156 - Biphasé bobiné.

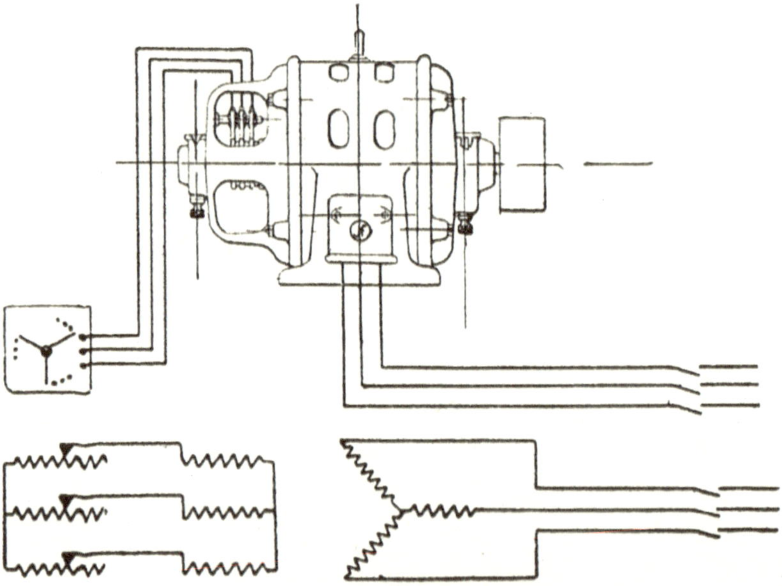

Fig. 157 - Triphasé bobiné.

Chapitre IV

La ventilation des machines électriques

Il y a le plus grand intérêt à empêcher le plus possible réchauffement de la masse des machines électriques, génératrices ou moteurs ; en effet, non seulement une température élevée risque de détériorer les couches de coton, de papier et de vernis qui isolent les spires des bobinages des tôles des armatures et entre elles. D'autre part, les fils conducteurs de ces bobinages perdent une partie de leur conductibilité par l'élévation de température, d'où mauvais rendement de la machine.

Quand une machine électrique fonctionne dans un local bien aéré, sa température s'élève peu mais, si cette machine est placée dans un sous-sol, dans un atelier clos, ou dans une salle de machine à vapeur ou de moteurs à gaz, on s'aperçoit qu'elle prend rapidement une température exagérée. Dans bien des cas, il est impossible de maintenir la main sur l'extérieur de la carcasse : quelle doit être alors la température dans l'intérieur des bobines de l'inducteur et dans le noyau d'induit ?

Le seul moyen d'empêcher l'élévation de température de nos machines électriques, c'est la ventilation de l'intérieur de la carcasse ; la ventilation se fait par l'action même du rotor. L'air est aspiré par le centre des flasques et refoulé par les ouvertures existant sur la circonférence du stator ; le rotor fait ainsi l'office d'une turbine de ventilateur, sans absorption supplémentaire d'énergie.

Les bons constructeurs garantissent leurs machines avec une élévation de température de 40 degrés centigrades pour les pôles, 45 degrés pour l'induit et 50 degrés pour le collecteur, la machine étant en marche continue à sa charge normale. Cette élévation de température étant comptée au-dessus de la température ambiante, nous voyons que certaines parties de la machine atteignent près de 100 degrés pour peu que le local où elle se trouve soit dans des conditions défavorables : chaleur ou mauvaise aération.

Donc il faut recommander aux électriciens de veiller à la bonne ventilation de leurs machines et de vérifier de temps à autre leur température.

Dans les endroits où l'on fait usage de moteurs blindés, ou complètement enfermés, il faut que ces moteurs soient spécialement prévus par le constructeur pour éviter un échauffement exagéré. Généralement ce sont des moteurs que l'on fait travailler au-dessous de leur puissance réelle. Certains moteurs, blindés dans leur partie supérieure, sont ventilés cependant par une petite turbine à ailettes en hélice, montée sur l'arbre du rotor : l'air est aspiré et refoulé par des orifices spécialement réservés à la partie inférieure de la carcasse.

Enfin, dans les locaux très poussiéreux, scieries, moulins, broyages, il est excellent d'adopter le dispositif que montre la figure 158 où l'air du

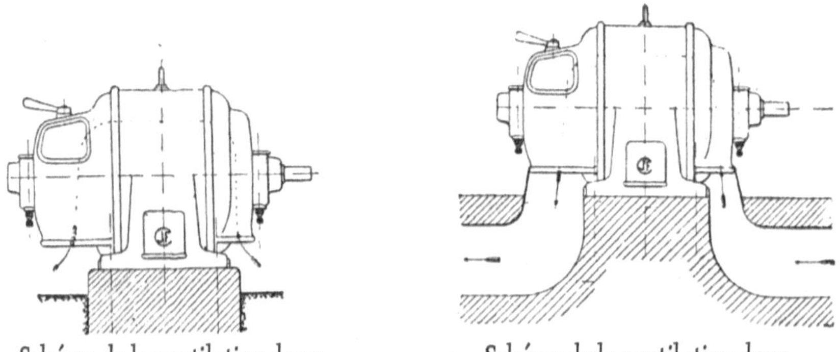

Schéma de la ventilation dans les locaux non poussiéreux.

Schéma de la ventilation dans les locaux poussiéreux.

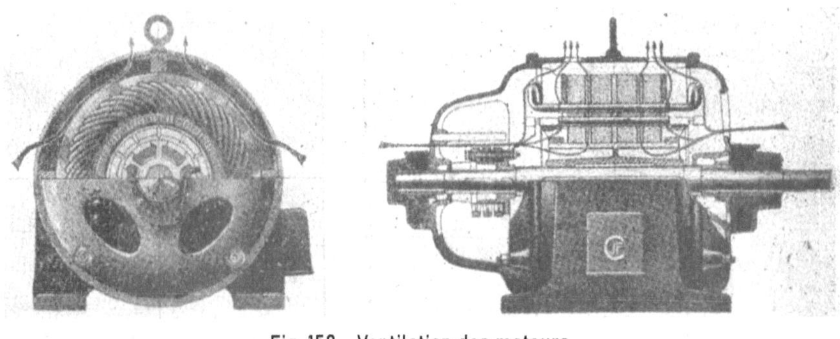

Fig. 158 - Ventilation des moteurs.

dehors arrive dans le moteur par un conduit souterrain et est évacué de même. Ces conduites d'air peuvent être faites en élévation, quand il n'y a pas de caniveaux souterrains ; on emploie alors, pour cela, des tuyaux de tôle mince galvanisés ou peints à l'huile, pour empêcher la rouille.

Quand des machines non blindées travaillent dans des locaux poussiéreux, il arrive généralement que, malgré la ventilation normale réalisée par la rotation de l'induit, les poussières se déposent en couches épaisses sur les bobinages de la machine.

Ces couches de poussière empêchent la radiation de la chaleur, agissant ici comme isolants calorifuges ; l'électricien devra posséder un fort soufflet et s'en servir souvent pour chasser ces poussières.

Chapitre V

Causes des accidents aux machines électriques

Courant continu

1° - La dynamo ne donne pas de courant. Le moteur ne démarre pas.

a. - Contacts mauvais aux câbles des bornes ou des balais.
b. - Fils d'excitation mal connectés.
c. - Interruption dans les bobinages de la machine :
Des inducteurs (fils connecteurs rompus).
De l'induit.
d. - Les balais ne portent pas sur le collecteur ou sont encrassés.
e. - Le courant ne passe pas dans la ligne extérieure.
f. - Défauts d'isolement ou court-circuit dans :
Les bobines inductrices (fils connecteurs dénudés).
Les balais et porte-balais.
Les bornes et plaques de support des bornes.
Contact des fils d'induit ou du collecteur avec l'arbre d'induit.
g. - Court-circuit dans la ligne extérieure, empêchant le passage du courant.
h. - Manque de magnétisme rémanent (très rare).
i. - Fils du rhéostat brûlés.
j. - Corps étranger dans l'entrefer.

2° - Étincelles rougeâtres aux balais:

a. - Mauvais calage des porte-balais.
b. - Collecteur détérioré.
c. - Balais sales ou en mauvais état : mal taillés, etc.
d. - Voltage ou ampérage excessifs.
e. - Inducteurs mal isolés.

3° - Étincelles blanches et fortes aux balais.

a. - Interruption dans une ou plusieurs sections d'induit.
b. - Court-circuit entre les sections d'induit.

4° - La machine chauffe.

a. - Aux paliers et bouts d'arbre :
Courroie trop tendue.
Arbre faussé.
Coussinets trop serrés ou mal réglés.
Graissage insuffisant.
Mauvaise huile de graissage (trop épaisse).
Bagues de graissage arrêtées par dépôt au fond des paliers.
Bagues de graissage mal placées sur l'arbre.
Poulie qui frotte contre la joue du palier.
Jeu latéral insuffisant à l'arbre d'induit.

b. - Au collecteur :
Balais trop serrés.
Balais ayant une section trop faible pour l'ampérage.

c. - À l'inducteur :
Humidité des bobines.
Courant d'excitation trop fort.
Court-circuit dans les bobinages.
Courants parasites (de Foucault) dans les pièces polaires.

d. - À l'induit :
Ampérage exagéré (surcharge).
Courts-circuits dans les sections d'induit.
Humidité des sections d'induit.
Courants parasites de Foucault (vice de construction).

5° - Insuffisance de vitesse de rotation.

a. - Courroie dépendue ou mal calculée (pas assez large).
b. - Surcharge exagérée (échauffement consécutif).
c. - Paliers qui chauffent (fumée et odeur d'huile).
d. - Induit en mauvais état (il chauffe ; étincelles).
e. - L'induit frotte contre les masses polaires (bruit anormal).

6° - Bruits et trépidations.

a. - Scellement insuffisant sur le sol.
b. - Boulons de scellement desserrés.
c. - Courroie tirant de travers et chocs de la poulie contre les joues du palier.
d. - Joints de courroie faisant des ressauts.
e. - Balais sautillant et grinçant (lames de mica du collecteur à gratter).
f. - Frottement de l'induit contre les pièces polaires.
g. - Jeu dans les coussinets de l'arbre d'induit.
h. - Partie tournante mal équilibrée (vice de construction).

Alternateurs et commutatrices

En ce qui concerne la partie mécanique et l'excitation ou production du courant continu, se reporter au tableau ci-dessus.

En ce qui concerne le courant alternatif :

1° - La tension n'est pas constante :

a. - Courant inducteur trop faible.
b. - Mauvais isolement ou courts-circuits dans l'inducteur.
c. - Vitesse insuffisante du rotor.
d. - Courts-circuits dans les bobines induites.
e. - Courants parasites dans les masses métalliques (vice de construction).
f. - Bagues ayant mauvais contact avec les balais.

2° - Inégalité de tension entre les phases :

a. - Charges inégales dans le circuit extérieur.
b. - Court-circuit entre deux fils extérieurs ou intérieurs de la machine.

Moteur d'alternatif

En plus des causes énumérées au tableau ci-dessus :

a. - Mauvais contact aux plots du rhéostat de démarrage.
b. - Mauvais contact à la mise en court-circuit de l'induit.
c. - Mauvais contact entre les balais et les bagues du rotor.
d. - Barres dessoudées aux rotors en cage d'écureuil.
e. - Fils rompus dans l'arbre creux, entre l'induit et les bagues.

Transformateurs statiques

a. - Humidité des bobines (chauffe).
b. - Courts-circuits dans les bobines ou avec le fer (chauffe ; la tension baisse).
c. - Fils de connexion rompus entre les bobines (interruption du courant).
d. - Défaut de fixation des bobines (bruits de ronflement).

Chapitre VI

Documents et renseignements électriques

Exemples. — Un moteur triphasé de 11 HP est desservi par un coupe-circuit qui sera garni de trois plombs de 24 dixièmes. Un moteur continu de 48 chevaux exigerait des plombs ayant une section double de celle indiquée pour le moteur de 24 HP ; on mettra donc des plombs de 50 mm de diamètre doublés à chaque borne du coupe-circuit.

Les plombs pour les moteurs à 440 volts et 400 volts seront moitié plus faibles que ceux des moteurs à 220 et 200 volts de même puissance en chevaux.

Pour un moteur de 24 chevaux à 400 volts, on prendra donc les mêmes plombs que pour un moteur de 12 chevaux à 200 volts.

Le tableau ci-après permet de trouver ainsi, de suite, la grosseur des plombs pour n'importe quel moteur, mais il faut bien observer que lorsqu'on veut multiplier ou diviser la capacité de passage électrique d'un fil de plomb, c'est sur la section en millimètres carrés que doit se faire cette opération et non pas sur le diamètre : ainsi, on voit d'après ce tableau qu'un plomb de 27 mm de diamètre a environ la même section que deux plombs de 19 mm de diamètre ; on commettrait donc une grosse erreur en calculant sur le diamètre.

Nota. — Tous les fils de plomb vendus dans le commerce n'ont pas le même point de fusion.

Certains fils fusibles fondent à une température bien inférieure à celle de fusion du plomb.

Il en résulte que, dans ce cas, les diamètres et sections indiquées dans notre tableau seraient un peu faibles ; l'opérateur ne risquerait

Tableau des plombs fusibles à employer avec les divers moteurs électriques et nombre d'ampères absorbés par les moteurs.

PUISSANCE DU MOTEUR EN CHEVAUX				FILS DE PLOMB POUR COUPE-CIRCUIT		
Courant continu ou monophasé 110 volts (2 fils)	Courant continu ou monophasé 220 volts (2 fils)	Triphasé 200 volts (3 fils)	Biphasé 200 volts (4 fils)	Diamètre en dixièmes de millimètre	Section en millimètres carrés	Ampères en marche normale
1 /20	1 /10	1 /8	1 /6	2	0,031	0,5
1 /16	1 /8	1 /5	1 /4	3	0,071	
1 /8	1 /4	1 /3	1 /2	4	0,126	1,5
1 /4	1 /2	2 /3	3 /4	5	0,196	2
1 /3	2 /3	1	1 1 /4	6	0,283	2,6
2 /5	3 /4	1 1 /4	1 1 /2	7	0,385	3,5
1 /2	1	1 1 /2	2	8	0,503	4,3
2 /3	1 1 /4	2	2 1 /2	9	0,636	5
3 /4	1 1 /2	2 1 /2	3	10	0,785	6
1	2	3	3 1 /2	11	0,950	7,5
1 1 /4	2 1 /4	3 1 /4	4	12	1,130	9
1 1 /3	2 1 /2	3 1 /2	4 1 /2	13	1,328	10
1 1 /2	3	4 1 /2	5	14	1,540	11,3
1 3 /4	3 1 /2	5	6	15	1,765	12,5
2	4	5 1 /2	7	16	2,010	14
2 1 /4	4 1 /2	6	8	17	2,270	15,5
2 1 /2	5	7	9	18	2,545	17
2 3 /4	5 1 /2	8	10	19	2,835	18.5
3	6	9	11	20	3,141	20
3 1 /2	7	10	12	22	3,801	25
4	8	11	14	24	4,524	30
4 1 /2	9	12	16	26	4,901	32
5	10	13	18	27	5,725	37
6	12	15	20	30	7,069	46
7	14	18	25	35	9,621	55
8	16	20	30	40	12,566	65
11	22	24	36	45	15,900	85
12	24	28	42	50	19,600	110
18	36	45	65	60	28,300	160

rien d'employer un diamètre immédiatement au-dessus de celui marqué pour la puissance de son moteur.

Le tableau suivant donne l'ampérage que supportent les plombs fusibles en rubans, il suffira de se reporter au tableau précédent pour trouver, par comparaison du nombre d'ampères, les lames qui conviennent à chaque moteur.

Lames en ruban de plomb.
Largeur en millimètres.

Épaisseur des rubans en dixièmes de millimètres	7 millimètres	15 millimètres	20 millimètres
	Ampérage normal	Ampérage normal	Ampérage normal
1/10	5	11	14
2/10	10	21	28
3/10	15	32	42
5/10	25	55	70
10/10	50	105	140
15/10	75	160	210
20/10	100	210	280

Electrolyte liquide pour les accumulateurs

Le liquide employé, appelé électrolyte, doit être composé d'eau distillée et d'acide sulfurique pur à 66°. La composition et la pureté de l'électrolyte ont une grande influence sur la durée des électrodes et sur le bon fonctionnement.

À défaut d'eau distillée, employez de l'eau de pluie bien claire ou, tout au moins, une eau non calcaire, c'est-à-dire cuisant bien les légumes et blanchissant bien le linge. En général, les eaux de puits ne sont pas bonnes pour cela.

Il est de toute importance de n'employer que de l'acide pur, dit acide au soufre, exempt de chlore, d'acide nitrique, de fer, etc. Tout autre acide que l'acide sulfurique, ou tout autre métal soluble dissout dans le liquide peut amener une destruction rapide des électrodes.

Les batteries sont généralement fournies avec l'électrolyte composé d'eau et d'acide en produits purs. Il ne reste donc plus qu'à le verser dans les éléments.

Le tableau suivant indique les différents degrés des mélanges employés dans les accumulateurs d'éclairage et de traction.

Pour préparer l'eau acidulée, verser dans un grand baquet en bois bien propre de l'eau distillée ou, à défaut, de l'eau de pluie et verser dans cette eau l'acide sulfurique, peu à peu, en remuant constamment l'eau avec un bâton. Il faut à peu près une partie d'acide pour cinq parties d'eau (en volumes). Ne jamais verser l'eau sur l'acide, mais l'acide dans l'eau, afin d'éviter des projections corrosives d'acide sulfurique.

DEGRÉ Baumé	DENSITÉ	GRAMMES d'acide à 66° conten. dans 1 l. de liquide	CENT. CUBES d'acide à 66° conten. dans 1 l. de liquide	DÉSIGNATION de l'emploi du liquide
8	1,060	98	52	Eau acidulée pour bains d'hydrogène ou désulfatation
24	1,200	355	182	Eau acidulée pour batteries stationnaires
28	1,241	400	217	Eau acidulée pr batterie d'allumage et voitures électriques

L'eau s'échauffe, par suite de sa combinaison avec l'acide ; il faut la laisser refroidir, en vérifier la densité avec le pèse-acide et ajouter de l'eau ou de l'acide pur pour atteindre exactement le degré indiqué par le vendeur des accumulateurs (20 à 28 degrés).

Quand l'eau acidulée est froide, on peut la verser dans les bacs de verre.

RÉSISTANCE ÉLECTRIQUE DES CORPS USUELS

Températ. 0°	Résistivité en microhms centimètre	Résistance en ohms de 100 mètres d'un millimètre carré de section	Accroissement de la résistance par degré centigrade entre 0 et 100 degrés
—	—	—	—
Argent	1,500	1,900	0,0038
Cuivre rouge ..	1,570	2,010	0,0041
Bronze phosphoreux	1,600	2,030	0,0040
Aluminium....	2,890	3,680	0,0039
Zinc..........	5,580	7,105	0,0036
Fer pur.......	9,635	12,270	0,0063
Ferro-nickel ...	78,000	165,000	0,0070
Nickel	12,356	15,730	0,0050
Plomb	19,465	24,780	0,0038
Mercure	94,340	120,120	0,0007
Maillechort....	27,000	60,000	0,0004
Argentan	42,000	90,000	0,0010

Au moyen de ce tableau, nous pouvons calculer la résistance d'un conducteur quelconque, en appliquant la formule connue :

Résistance totale (R) = Coefficient de résistivité × longueur du câble/ section du câble, la section du câble s obtient en multipliant le *carré du diamètre* par $\pi/4 = 3{,}1415/4 = 0{,}7858$.

Le tableau ci-dessous donne la classification des divers corps dans l'ordre de leur résistivité croissante :

CORPS dits conducteurs	CORPS dits semi-conducteurs	CORPS dits isolants ou diélectriques
Argent.	Charbon.	Laine.
Cuivre.	Acides.	Soie.
Or.	Solutions salines.	Verre.
Zinc.	Glace fondante.	Soufre.
Platine.	Eau pure.	Résine.
Fer.	Pierre.	Gutta-percha.
Etain.	Glace non fondante.	Caoutchouc.
Plomb.	Bois sec.	Gomme-laque.
Mercure.	Porcelaine.	Ebonite.
Métaux en général.	Marbre.	Huile de naphte.
Acides et solutions acidulées.	Papier sec.	Paraffine.
		Air sec.

Calcul de la consommation des moteurs électriques et de leurs câbles (*d'après Japy et Cie*)

Moteur continu :

Ampères absorbés = $(HP + 736) \ / \ (V \times \eta)$

HP = nombre de chevaux.

V = voltage.

η = rendement.

Moteur triphasé :

Ampères absorbés par phase = $(HP \times 736) \ / \ V \times \sqrt{3} \times \cos \varphi \times \eta$

V = voltage composé, c'est-à-dire mesuré entre deux phases[4].

[4] Pour une distribution à quatre fils avec point neutre, à deux tensions (110 volts entre phase et neutre et 190 volts entre phase par exemple), il faut toujours introduire, dans la formule, pour V la tension la plus élevée (c'est-à-dire, dans le cas particulier, 190 volts).

Transformation des kilowatts en chevaux-vapeur et réciproquement.

NOMBRE de KILOWATTS	NOMBRE de CHEVAUX	NOMBRE de KILOWATTS	NOMBRE de CHEVAUX	NOMBRE de CHEVAUX	NOMBRE de KILOWATTS	NOMBRE de CHEVAUX	NOMBRE de KILOWATTS
0,736	1	11	14,95	0,5	0,368	11	8,096
1	1,36	12	16,30	1	0,736	12	8,832
1,5	2,04	13	17,66	1,5	1,104	13	9.568
2	2,71	14	19,02	2	1,472	14	10,304
2,5	3,40	15	20,38	2,5	1,840	15	11,040
3	4,07	16	21,74	3	2,208	16	11,776
3,5	4,75	18	24,46	3,5	2,576	18	13,248
4	5,48	20	27,17	4	2,944	20	14,720
4,5	6,11	25	33,97	4,5	3,312	25	18,400
5	6,79	30	40,76	5	3,680	30	22,080
6	8,15	40	54,35	6	4,416	40	29,440
7	9,51	50	67,94	7	5,152	50	36,800
8	10,87	75	101,91	8	5,888	75	45,200
9	12,23	100	135,87	9	6,624	100	73,600
10	13,59			10	7,360		

CONSOMMATION DES MOTEURS A COURANT CONTINU

Puissance utile en chevaux	Rendement	Puissance absorbée en kilowatts	VOLTS		
			125	220	500
1/2	75 %	0.49	3.9	2.22	0.98
3/4	»	0.736	5.9	3.34	1.47
1	»	0.98	7.85	4.45	1.96
1.5	»	1.47	11.85	6.7	2.9
2.5	»	2.45	19.6	11.1	4.9
5	80 %	4.60	36.8	21	9.2
7.5	»	6.90	55	31	13.8
10	»	9.20	74	42	18.5
15	»	13.80	110	63	27.6
20	90 %	16.35	131	75	32.8
25	»	20.43	163	93	40.8
30	»	24.53	196	111	49
40	»	32.70	362	148	65.4
50	»	40.86	327	186	81.8
60	»	49.05	392	222	98
70	»	57.23	457	260	104.4
75	»	61.29	490	278	122.6
80	»	65.40	523	297	130.8
90	»	73.56	588	334	147
100	»	81.72	655	370	168
125	»	102.15	816	464	204
150	»	122.58	980	558	245

CONSOMMATION DES MOTEURS A COURANT ALTERNATIF

Puissance utile en chevaux	Rendement	Décalage cos φ	Puissance absorbée en kilowats	VOLTS 125 biphasés	VOLTS 125 triphasés	VOLTS 220 biphasés	VOLTS 220 triphasés	VOLTS 500 biphasés	VOLTS 500 triphasés
1/2	75 %	0.7	0.49	2.2	1.85	1.3	1.04	0.6	0.46
3/4	»	»	0.736	3.4	2.73	1.9	1.55	0.8	0.68
1	»	»	0.98	4.5	3.65	2.5	2.07	1.1	0.91
1.5	»	»	1.47	6.7	5.30	3.8	3.11	1.7	1.37
2.5	»	»	2.45	11.2	8.95	6.4	5.18	2.8	2.28
5	80 %	0.75	4.60	22.2	18.1	12.6	10.3	5.6	4.52
7.5	»	»	6.90	33.2	27.02	18.9	15.4	8.4	6.78
10	»	»	9.20	44.4	36.2	25.2	20.6	11.2	9.04
15	»	»	13.80	66.6	54.2	37.8	30.9	16.8	13.6
20	90 %	0.8	16.35	94	76.2	53.5	43.3	23.5	19.1
25	»	»	20.43	118	95	66.5	54	29.2	24
30	»	»	24.53	141	114	79.6	65	35	29.6
40	»	»	32.70	188	152	107	86.6	47	38.2
50	»	0.9	40.86	208	170	118	96.5	52	42.5
60	»	»	49.05	250	204	142	115	62.5	51
70	»	»	57.23	292	238	165	134	73	59.5
75	»	»	61.29	313	255	177	144	78	64
80	»	»	65.40	333	272	189	154	83	68
90	»	»	73.56	374	306	212	173	94	76.5
100	»	»	81.72	416	340	286	193	104	85
125	»	»	102.15	520	425	295	241	130	106
150	»	»	122.58	624	510	354	290	156	127.5

Moteur diphasé :
Ampères absorbés par phase = (HP × 736) / 2 × V × cos φ × η

Moteur monophasé :
Ampères absorbés = (HP × 736) / V × cos φ × η

Lignes — Section à donner aux fils ou câbles :

- *Courant continu simple à deux fils* :

$$q = (\rho_0 \times L \times i) / 100 \times p \times E$$

q = section cuivre en millimètres carrés par conducteur simple.
L = longueur totale en mètres aller et retour.
i = courant en ampères.
ρ_0 = coefficient de résistivité du métal de la ligne.
p = coefficient de pertes admises en pour cent.
E = tension aux bornes de la génératrice.

- *Courant alternatif triphasé* :

$$q = (\rho_0 \times l \times W) / 100 \,.\, p \times E^2 \times \cos^2 \varphi$$

q = section en millimètres carrés par conducteur simple.
l = longueur simple en mètres.
W = puissance à transporter en watts.
p = coefficient de pertes admises en pour cent.
E = tension au départ.
cos φ = facteur de puissance.
ρ_0 = coefficient de résistivité du métal de la ligne.
Nota. — Pour le cuivre ρ_0 = 1,6 ; pour l'aluminium ρ_0 = 2,8.

Vitesse des moteurs asynchrones

La vitesse des moteurs asynchrones à vide dépend uniquement de leur nombre de pôles et de la fréquence du courant d'alimentation.

Le nombre de pôles usuels est de 2, 4, 6, 8.

Le nombre de tours par minute à vide est :

60	fois	la fréquence pour	2	pôles,
30	—	—	4	—
20	—	—	6	—
15	—	—	8	—

Ainsi un moteur à 4 pôles fait à :

50 périodes : 30 × 50 = 1 500 tours par minute.

42 — 30 × 42 = 1 260 — —

Les différentes vitesses à vide possibles sont pour :

50 ∾		25 ∾	
TOURS PAR MINUTE	POLES	TOURS PAR MINUTE	POLES
3 000	2	1 500	2
1 500	4	750	4
1 000	6	500	6
750	8	375	8
600	10	300	10

Dans les puissances moyennes, le moteur normal est le moteur à 4 pôles ; il convient de l'adopter toujours à moins d'impossibilité absolue. Au-dessus de 8 HP, le moteur à 6 pôles est également recommandable. À 25 périodes, le moteur à 2 pôles s'emploie fréquemment surtout pour les puissances inférieures à 5 HP.

Amélioration du facteur de puissance des moteurs asynchrones.

En plaçant un condensateur statique à l'arrivée du courant sur un moteur asynchrone, on améliore considérablement le rendement de ce moteur, c'est-à-dire qu'on diminue la valeur de l'angle de décalage ; cos φ se trouve donc augmenté.

Les dessins et résultats qu'indique la figure 160 que nous a communiquée la Compagnie française *Thomson-Houston* font bien ressortir l'importance de cette amélioration qui se traduit par une grande économie d'argent, car les Compagnies font généralement payer leur courant d'autant plus cher que le coefficient cos φ est moins élevé.

Ainsi qu'on le voit par la figure 160, l'installation de ces condensateurs statiques est des plus simples ; ils doivent être munis de coupe-circuit à plombs fusibles à leurs bornes de réunion aux fils de ligne.

Montage des transformateurs triphasés en étoile ou en triangle

Voltage obtenu

Les trois bobines inductrices (haute tension) et les trois bobines induites (basse tension) peuvent être montées respectivement en étoile ou en triangle (fig. 161 et 162).

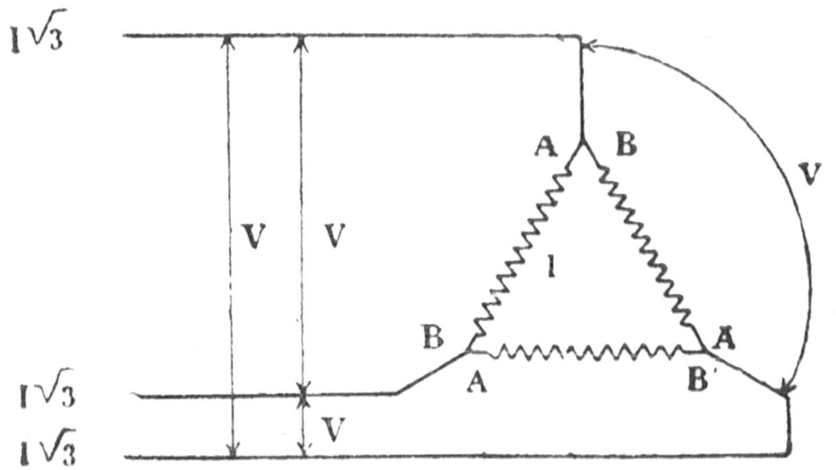

Fig. 161 - Triangle.

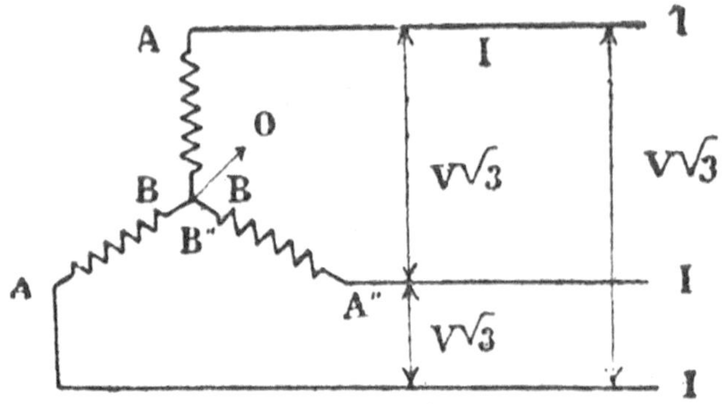

Fig. 162 - Étoile.

Si nous appelons :

$1/m$ le rapport normal de transformation,

U*eff* le voltage efficace du courant inducteur, haute tension,

E*eff* le voltage efficace du courant induit basse tension,

Nous aurons pour les montages suivants :

Inducteur H. T. :		Induit B. T. :	
1° Etoile	—	Etoile	$Eeff = \frac{1}{m} Ueff,$
2° Triangle	—	Triangle	$Eeff = \frac{1}{m} Ueff,$
			$\sqrt{3} = 1{,}732),$
3° Etoile	—	Triangle	$Eeff = \frac{1}{m\sqrt{3}} Ueff,$
4° Triangle	—	Etoile	$Eeff = \sqrt{3}\,\frac{1}{m} Ueff.$

Ainsi, en supposant le rapport de transformation égal à 1/10, dans les cas 1° et 2° pour U*eff* = 2 000 volts, nous aurons :

E*eff* = 200 volts ;

Dans le cas 3°, pour U*eff* = 2 000 volts, nous aurons :

E*eff* = 116 volts ;

Dans le cas 4°, pour U*eff* = 2 000 volts, nous aurons :

E*eff* = 346 volts.

Avec un transformateur triphasé, on peut donc obtenir trois rapports différents de transformation en accouplant convenablement les trois bobines. Mais le rendement en ampères efficaces varie, bien entendu, en raison inverse des volts ainsi obtenus, de telle sorte que le produit volts *eff.* par ampères *eff.* reste toujours le même.

Table des Matières

Partie I

Les moteurs à vent

Partie II

Les moteurs hydrauliques

Partie III

Les moteurs électriques

MOTEURS

www.decoopman.com

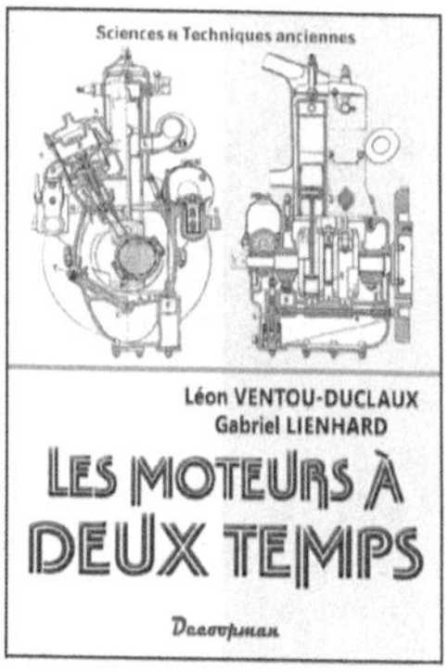

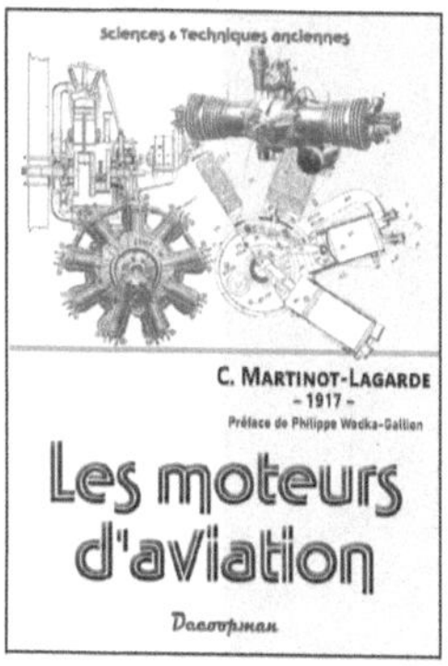

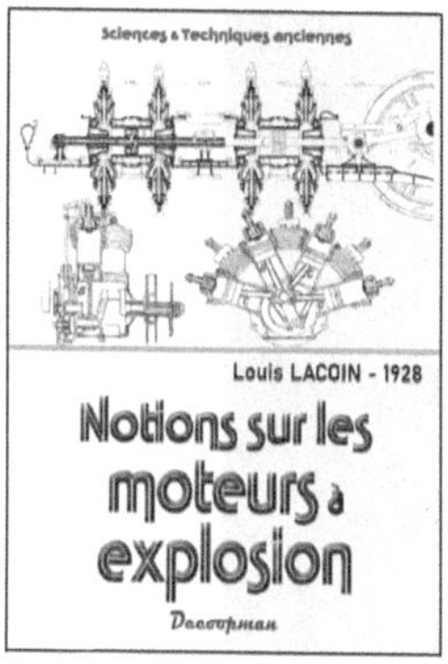

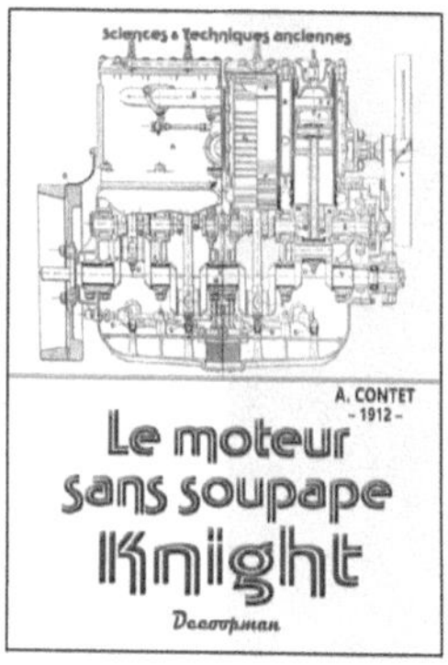

MOTEURS

www.decoopman.com

www.ingramcontent.com/pod-product-compliance
Lightning Source LLC
LaVergne TN
LVHW090427061026
849522LV00002B/522
9782369652120